海鲜菜品

主编 ◎ 俞强

经济管理出版社
ECONOMY & MANAGEMENT PUBLISHING HOUSE

图书在版编目（CIP）数据

海鲜菜品/俞强主编. —北京：经济管理出版社，2015.9
ISBN 978 - 7 - 5096 - 3713 - 5

Ⅰ.①海… Ⅱ.①俞… Ⅲ.①海产品—菜谱 Ⅳ.①TS972.126

中国版本图书馆 CIP 数据核字（2015）第 071497 号

组稿编辑：魏晨红
责任编辑：魏晨红
责任印制：黄章平
责任校对：车立佳

出版发行：经济管理出版社
　　　　　（北京市海淀区北蜂窝 8 号中雅大厦 A 座 11 层 100038）
网　　址：www. E - mp. com. cn
电　　话：(010) 51915602
印　　刷：北京市海淀区唐家岭福利印刷厂
经　　销：新华书店
开　　本：787mm × 1092mm/16
印　　张：4
字　　数：97 千字
版　　次：2015 年 9 月第 1 版　　2015 年 9 月第 1 次印刷
书　　号：ISBN 978 - 7 - 5096 - 3713 - 5
定　　价：22.00 元

临海市中等职业技术学校校本教材

编写委员会

主　任　敖华勤

成　员　方伟华　刘　瑾　单才华　冯　杰　宋敏剑　吴诚祥

　　　　刘长全　朱晓欧　敖华莲　袁卫国　李胜利　蒋小龙

　　　　池文胜　王道明　王国强　斜海平　章静波　朱学武

主　编　俞　强

参　编　裘海威　许益平　崔行银　蒋小龙　周洪星　谢长友

序

  台州，中国长江三角洲经济圈 16 大城市之一。位于浙江省沿海中部，上海经济区的南翼，北邻宁波、绍兴，南连温州，是中国黄金海岸线上新兴的组合式港口城市。临海作为台州市副中心城市，处于台州市区域经济北翼中心，属沿海经济开放区。高速发展的地方经济对技能型人才需求持续攀升，急需数以万计的中高级技术工人和生产一线的管理服务人才。而对人才需求主要集中在机械装备制造、电子信息技术等为主的先进制造业和商贸财经、酒店服务与烹饪等为主的现代服务业。

  蓬勃发展的区域经济，对台州职业教育的发展不仅提出了更高的要求，同时也带来了极好的机遇，"十二五"期间，台州市将积极推进现代化示范学校建设，培养一批专业特色鲜明、办学实力雄厚、广受社会欢迎的名校、强校。上级主管部门和社会各界对我校的发展给予了重点支持并寄予厚望，为我校开展国家中等职业教育改革示范学校建设计划项目提供了优越的外部环境。

  临海市中等职业技术学校创办于 1979 年，是台州市第一所国家级重点职业学校，曾获过"全国职业教育先进单位"、省首批"综合性公共实训基地"、"省中等职业教育旅游服务与管理实训基地"、省首批"中等职业教育专业课程改革基地"等荣誉称号。

  学校烹饪专业创办于 1993 年，作为本校"国家示范校建设"划定的五个重点支持专业之一，为完善烹饪专业的"理实一体、顶岗学习"的人才培养模式，营构"理实一体化"课程体系和教学模式，学校特成立专业课程开发团队负责编写应用适应地方需求的教材。深入挖掘地方特色餐饮资源，加强专业设置和市场需求的对接，致力培养烹饪专业技能型人才。

  台州菜融合了山味之浓郁淳朴，海味之鲜美豁达，鲜香适口，品类丰富。烧法上台州菜古朴简洁，烹饪中大量运用当地传统的工艺和食材，绝少使用现代食品添加剂，在保持食材的原汁原味的基础上，又烘托出食材的鲜美可口，既有粤菜的鲜美，又兼具川菜的浓郁，加之独特的饮食文化，造就了别具一格的台州风味。而学校在烹饪专业亮点项目建设中，一个重点就是依托临海市鸵鸟养殖场和临海鸵鸟餐馆，提升"临海市鸵鸟肉烹制研发基地"的功能，不断开发研究鸵鸟菜肴。

  游玩台州最随处可见的美食就是海鲜了，台州有披山、大陈、猫头三大渔场。这三大渔场南北相连，盛产大黄鱼、海鳗、石斑鱼、墨鱼等数十种经济鱼类，以及对虾、梭子蟹和大量的贝壳类海产品。开发利用的浅海滩涂，除了生产海带、海蛏等传统的海产品外，还大量养殖黑鲷、鲍鱼、鲈鱼、青蟹、河鳗、甲鱼等。而台州雁荡山的海鲜生长于附近西门码头的滩涂湿地，造就了当地海鲜一大特色——小而肉少，容易入味。关于台州海鲜，归纳起来就是一句话：形状见所未见，吃法闻所未闻，口味倒是一致，就是"鲜"！

　　台州小吃属南方菜系，以清淡、注重菜的本味为主，台州地方小吃远近闻名，分有临海小吃、温岭小吃和其他地方风味小吃。经典小吃包括麦油脂、糟羹、麻糍、扁食等。台州小吃文化是一种广视野、深层次、多角度的悠久区域文化；是台州人民在生产和生活实践中，在食源开发、诗句研制、视频调理、营养保健和饮食审美等方面创造、累积并影响周边地区的物质财富和精神财富。为了充分挖掘和发扬台州地方传统小吃，不断完善"台州名小吃班"课程体系，培养更多传承和发展台州名小吃的人才，打响地方品牌。

　　台州饮食乃至中华饮食，犹如一幅长而无边的织锦，丰富斑斓又让人应接不暇，而作为现代化烹饪专业的特点，必须能结合中西饮食的长处培养出具合格专业技能和优良职业能力，有视野的高素质中职学生。学校对于烹饪专业的人才育成目标，是重点培养热菜、食品雕刻、名小吃制作、西点制作等工种的技术人才；以此为出发点，学校邀请行业专家，集结优秀的专业教师，共同编写出《台州食材》、《台州小吃》、《台州面点》、《果蔬雕刻》、《西餐西点》、《饮食文化》和《海鲜菜品》七本具有实用性、创新性、独具台州地域特色、适合职业学校特点、适合开展行业培训的校本教材。

　　为出版这系列校本特色教材，学校认真组织相关专业教师及行业专家进行了行业调查分析和收集素材，制定课程标准及教学内容，据此编写教学大纲，最终分组编写出七本理实一体的教材。教材编写组成员多为中职烹饪专业教师，因水平有限，部分内容查找整理出自网络、图书等。疏漏之处，敬请指正。

编者

2015. 5

目　录

第一章　中国菜品

第一节　中国菜品分类

我国地域辽阔，人口众多，不同的民族、不同的地理环境、不同的生活习惯和不同的文化形成了众多不同的菜肴风味。按照地区、历史和风味等特点，中国菜可分为地方菜、宫廷菜、官府菜、素菜和少数民族菜等。

按照地区、历史和风味等特点，中国菜分为以下几类：

一、地方菜

（一）概念

地方菜是指选用当地出产为主的质地优良的烹饪原料，采用本地区独特的烹调方法，制作出具有浓厚地方风味的菜肴。

（二）地位

地方菜是中国菜的主要组成部分。

（三）主要代表

项目名称	特点	名称	味型	产生时期	代表名菜
川　菜	一菜一格　百菜百味	四川菜	复合味	秦汉	开水白菜　宫保鸡丁　麻婆豆腐
鲁　菜	御膳主体	山东菜	清香味纯	春秋战国	德州扒鸡　糖醋鲤鱼
淮扬菜	甜咸适中　南北皆宜	苏州菜	原汁原味	先秦	常熟煨鸡　三套鸭
粤　菜	用料广博　奇异	广东菜	鲜香清淡	南北朝	烤乳猪　白切鸡

开水白菜："开水白菜"原系川菜名厨黄敬临在清宫御膳房时创制。后来黄敬临将此菜制法带回四川，广为流传。"开水白菜"烹制不易，其关键在于吊汤，汤要味浓而清，清如开水一般，成菜乍看如清水泡着几棵白菜心，一星油花也不见，但吃在嘴里，却清香爽口，鲜美异常，特点：清淡可口，鲜味极美。

宫保鸡丁："宫保鸡丁"是四川传统名菜。由鸡丁、干辣椒、花生米等炒制而成。传说是清末四川总督丁宫保的家厨创制而得名。特点是鲜香细嫩，辣而不燥，略带甜酸味道。

麻婆豆腐："麻婆豆腐"是四川著名的特色菜。相传清代同治年间，四川成都北门外万福桥边有一家小饭店，女店主陈某善于烹制菜肴，她用嫩豆腐、牛肉末、辣椒、花椒、豆瓣酱等调料烧制的豆腐，麻辣鲜香，味美可口，十分受人欢迎。当时此菜没有正式名称，因陈婆脸上有麻子，人们便称它为"麻婆豆腐"，从此名扬全国。

德州扒鸡："德州扒鸡"原名"德州五香脱骨扒鸡"，是山东德州的传统风味菜肴。它最初是由德州德顺斋创制的。在清朝光绪年间，该店用重1千克左右的壮嫩鸡，先经油炸到金黄色，然后加口蘑、上等酱油、丁香、砂仁、草果、白芷、大茴香和饴糖等调料精制而成。成菜色泽红润，肉质肥嫩，香气扑鼻，越嚼越香，味道鲜美，深受广大顾客欢迎。

糖醋鲤鱼："糖醋鲤鱼"是山东济南的传统名菜。济南北临黄河，黄河鲤鱼不仅肥嫩鲜美，而且金鳞赤尾，形态可爱，是宴会上的佳肴。《济南府志》上早有"黄河之鲤，南阳之蟹，且入食谱"的记载。据说"糖醋鲤鱼"最早始于黄河重镇——洛口镇。当初这里的饭馆用活鲤鱼制作此菜，很受食者欢迎。

常熟煨鸡：常熟叫花鸡又称煨鸡，是富有传奇色彩的吴地名菜，蜚声海内外。人们习惯称叫花鸡。叫花鸡选用当地著名的鹿苑鸡（即四三鸡），宰杀后去毛洗净，腋下开口，去内脏洗清，鸡膛内加干贝、香菇、虾米、火腿片等辅料，以及葱、姜、酒、糖等调料，用荷叶捆扎外裹黄泥，放烤炉中煨烤。食时敲开泥壳，装上盘，淋上芝麻油，随带芝麻甜酱、葱白段蘸食。煨鸡皮色有光泽，异香扑鼻，鸡肉酥烂，味透而嫩，原汁原味，上筷骨肉即离，腹藏配料，鲜美异常，具有独特风味。

三套鸭："三套鸭"是中国名菜之一，品尝有层次感。家鸭鲜肥，野鸭香酥，菜鸽细嫩，又兼火腿、香菇、冬笋点缀。运用传统的炖焖方法，使肥、鲜、酥、软、糯、醇、香融于一菜。三套鸭在全国菜典中仅此一例。清代中叶扬州已出现武鸭，将半只咸腊鸭与半只鲜鸭一锅同炖，鲜借腊香，腊助香味。后来的厨师从清代李渔的《闲情偶寄》中"诸禽贵幼，而鸭贵长"、"雄鸭功效比参芪"的观点得到启发，选用物性截然不同的两鸭一鸽，腊鸭改用野鸭，采用火腿、香菇、冬笋等助鲜，助味原料，形成此菜味道浓淡之间和谐的对比。

烤乳猪：广州有一道脍炙人口的佳肴，名叫"烤乳猪"。早在西周时，此菜就被列为"八珍"之一，唠起这道菜，还有一段来历呐。

白切鸡：它是粤菜鸡肴中最普通的一种，属于浸鸡类。以其制作简单，刚熟不烂，不加配料且保持原味为特点。做法是：用1千克以下的本地鸡，洗净后在微沸水中浸约15分钟，其间将鸡提出两次，然后在水中冷却，表皮干后淋熟花生油。食时备以姜蓉、葱丝拌盐，淋上熟油，盛碟中蘸着吃。白切鸡皮爽肉滑，清淡鲜美。著名的泮溪酒家白切鸡，曾获商业部优质产品金鼎奖。此外，清平鸡也是白切鸡的一种。

二、八大菜系

以上四大菜系与浙江、福建、安徽、湖南地方风味称为八大菜系，在全国有很大的影响。

（一）浙江菜

浙江菜又称浙菜，主要由杭州菜、宁波菜、绍兴菜等地方风味菜肴组成，以杭州菜为主。口味较清淡，以清鲜、味真取胜。其代表菜有西湖鲤鱼、东坡肉、清汤鱼圆等。

（二）福建菜

福建菜又称闽菜，包括福州菜、闽南菜、闽西菜三个地方风味菜，以擅长山珍海味著称，菜品淡雅，重原汁原味。其代表菜有佛跳墙、醉排骨等。

（三）安徽菜

安徽菜又称徽菜或皖菜，包括皖南、沿江、淮北三大风味。菜式多样，重原汁原味。其代表有沙锅鲥鱼、什锦虾球等。

（四）湖南菜

湖南菜又称汀菜，由汀江流域、洞庭湖地区和汀西山区三大地区风味组成，菜肴以酸、辣、鲜、嫩为主。代表菜有酸辣鱿鱼、红椒酿肉等。

三、宫廷菜

（一）概念
宫廷菜是指我国历代封建帝王、皇后、皇妃等享用的菜肴。

（二）仿膳
现在人们品尝的宫廷菜主要是清代御膳房里流传下来的一些菜肴，故称"仿膳"。

（三）选料
原材料主要是名贵的山珍海味，如鱼翅、燕窝、鲍鱼、熊掌等。

鲁菜是宫廷菜的主要组成部分。

特别称谓：御厨。是指宫廷中负责烹调的厨师。

进膳：皇帝用餐。

传膳：皇帝开餐。

四、官府菜

官府菜是历代封建王朝的高官为在自己官府中宴请宾朋而网罗名厨，进行菜肴制作和研究，并形成具有一定影响的菜肴。

（一）具有影响的官府菜
孔府菜：在我国著名的文化古城山东省曲阜城内的孔府，又称衍圣公府。这座坐北朝南三启六扇威严的宫殿式府第，门额上高悬蓝底金字"圣府"，它是孔子后裔的府第。

中国封建社会，孔府既是公爵之府，又是圣人之家，是"天下第一家"，比皇帝的家还要显贵。历代统治者，都把孔子的后裔封为"圣人"。于是有很多的官员来孔府，主人为了招待他们做了很多美食，久之便创造了独具特色的孔府烹饪。

（二）谭家菜
谭家菜出自清末官僚谭宗浚家中，至今已有百余年历史了。

谭宗浚父亲谭莹，是清朝一位有名的学者，谭宗浚在同治时考中了榜眼，谭宗浚一生酷爱珍馐美味，做京官时，便热衷在同僚中相互宴请，"饮宴在京官生活中几无虚日。每月一半以上都饮宴"。宴请同僚时，谭宗浚总要亲自安排，赢得同僚们众口一词的赞扬，因此在当时京官的小圈子中，谭家菜便颇具名声。

（三）随园菜

南京随园菜与曲阜孔府菜、北京谭家菜并称为中国著名的三大官府菜。

随园菜得名于袁枚所著的《随园食单》。袁枚，除了是一位诗人，还是一位具有丰富经验的烹饪学家，著有《随园食单》。这是清代一部系统地论述烹饪技术和南北菜点的重要著作，该书所载的名馔以当时的南京特色风味为主，兼收江、浙、皖各地风味佳肴和特色小吃共计 326 种。袁枚收集、整理这些名馔佳肴花费了大量心血。

五、素菜

素菜是指以植物类食物和菌类植物为原料烹制成的菜肴。

中国素菜是中国菜的一个重要组成部分，其显著特点是以时鲜为主，选料考究，技艺精湛，品种繁多，风味别致。

中国素菜由寺院素菜、宫廷素菜、民间素菜三种风味组成，寺院素菜又称斋菜，是专门由香积厨（僧厨）制作，供僧侣和香客食用的菜肴；宫廷素菜，是专门由御厨制作，供帝王斋戒时享用的菜肴；民间素菜，是在继承传统素菜品种的基础上吸收了宫廷和寺院素菜的精华而在民间素菜馆发展而形成的菜肴。

六、少数民族菜

（一）概念

少数民族菜又称民族风味菜，主要指少数民族食用的风味菜。

（二）主要代表

1. 回族菜

回族菜，它是汇集信奉伊斯兰教的各族，特别是回族的民间烹调精华而发展起来的一种民族风味菜肴。因回族信仰伊斯兰教，居住地都建有清真寺，故名清真菜。已有上千年的历史。所用肉类原料以牛、羊、鸡、鸭为主。制法以溜、炒、爆、涮见称，喜用植物油、盐、醋、糖调味。其特点是清鲜脆嫩，酥烂浓香。尤以烹制羊肉最为擅长，其"全羊席"更是脍炙人口。名菜有卷煎饼、秃秃麻失、八耳塔、古刺赤、碗蒸羊、酿烧味、酿烧兔、琉璃肺、聚八仙、水晶羊头、涮羊肉。

2. 朝鲜菜

朝鲜族的食品以辣为一大特色。它的辣和中国四川的麻辣不同，属于只辣不麻的类型，且常多"冷辣"；另一大特色是少油。朝鲜人的日常伙食很简单，一般就是米饭、泡菜再加一碗汤。朝鲜族的米饭白而且香软，很有黏性，吃的时候如果包上一张撒盐的紫菜，饭本身的黏性会使紫菜包紧，吃起来又香又糯，十分可口。

朝鲜人对泡菜情有独钟。饭桌上没有泡菜，朝鲜人是吃不下饭的。泡菜的种类很多，做泡菜的材料也是五花八门。最常见的是辣白菜，红艳、辛香，保持了白菜原有的水分，吃起来辛辣却没有苦涩的感觉。

3. 维吾尔族菜

新疆各少数民族都有各自的传统饮食，但都离不开牛、羊的肉和乳，遗留着古老的游牧、狩猎和农牧结合的传统，具有独特的风味。

（1）抓饭。

这是维吾乐族待客、过节必备，新疆人无不喜爱。以羊肉、大米、胡萝卜、洋葱和水，约煮半小时后放入大米，焖半小时左右即成。饭菜合一，吃抓饭时，盛于大盘之中，众人围着大盘用手抓而食之。

（2）烤全羊。

新疆名贵菜肴，也是高级筵席的标志，称为全羊席。以两岁阿勒泰羯羊为原料，穿在木棒上，遍抹调料，放入馕炕中焖烤而成，皮脆肉嫩，鲜香异常。宾客手操小刀割而食之。

（3）奶茶。

这是新疆少数民族的主要饮料之一，每日必不可少。奶茶是将鲜乳兑入滚开的茯茶，加盐而成，味香提神，营养丰富。

4. 满族菜

满族是我国少数民族之一，有着悠久的历史，其直系先人为明代的女真，金代时，曾有大量女真人进入中原地区，后接受汉族先进的经济文化而大多融入汉族当中，在明末清初时，分布在东北各地的女真部落和女真人方才统一起来成为共同体。

清代满族菜用料丰富，多山珍海味，在烹饪上多用烧烤、白煮、煨、炖、拌等，喜用火锅涮肉食。口味以咸鲜、辛香、浓郁为主，也有油而不腻或清鲜之品。

5. 藏族菜

西藏菜的成形主要在 20 世纪 50 年代后，是中华民族整个风味体系中独具特色的一支。原料以牛、羊、猪、鸡等肉食，以及土豆、萝卜类等蔬菜。饮食以米、面、青稞为主。喜欢重油、厚味和香、酥、甜、脆的食品，调料多辣、酸，重用香料，常用烤、炸、煎、煮等法。

吹肝：主要流行于云南迪庆藏族自治州一带。在云南的白族、汉族中也有食用。以猪肝为主料制成，特点是味道香鲜，开胃爽口。

氽灌肠：以新鲜羊小肠为衣，分别灌以羊血、羊肉、青稞面或豆面，此菜多为藏族同胞在新年时成批灌制，供年节氽食。

第二节　中国菜品传承与变异

一、民俗和饮食民俗的关系

饮食民俗，亦称食俗、食风、食性、食礼或食规，它是指有关食物和饮料，在加工、制作和食用过程中形成的风俗习惯及礼仪常规。食俗隶属于生产消费民俗的范畴，是民俗中最活跃、最持久、最有特色、最具群众性和生命力的一个重要分支。中国饮食民俗是构成中国饮食文化的要素，与中国烹饪的关系非常密切。不仅烹调原料的开发，膳食结构的调配，炊饮器皿的择用，工艺技法的实施，养生食疗的认识，筵席燕赏的铺排，风味流派的孕育和烹调理论的建立，会受到食俗的约制；而且烹调意识中的人情味，厨房设施里的乡土情，酒楼的商招，厨师的行话，还有乡规民约、社交仪礼、民族食风、饮食忌讳，以及四时八节的大菜和小吃，各地肴馔的品味和审美，也都有食俗的"酵母"在里面发生作用。所以，要总结中国烹饪近万年的理论和实践，就需要对饮食民俗进行深入广泛的探讨，建立它的学科体系，以填补中国饮食文化研究中的一个空白。

二、中国饮食民俗的成因、表现形式和分类体系

民俗是伴随着人类社会的产生而产生，伴随着经济文化的发展而发展，伴随着科学技术的进步而进步的。饮食民俗亦是如此。如果探寻其成因，中国食俗主要导源于五个方面：一是经济原因。食俗虽然是一种文化现象，但其孕育和变异无疑会受到社会生产力发展程度的制约。换言之，有什么样的物质生产基础，便会产生相应的膳食结构和肴馔风格。如元谋猿人时代茹毛饮血，北京猿人时代火炙石燔，山顶洞人时代捕捞鱼虾，河姆渡人时代试种五谷；再如鄂温克族猎熊，哈萨克族牧羊，高山族种芋头，土家族栽栗树，无不与此有关。久而久之，食物来源及其调制手段便会演化成为食俗事象的主体。二是政治原因。饮食民俗经常受政治形势的支配，尤其是当权者的好恶和施政方针，往往会左右民间食俗风尚的兴衰。如唐王朝崇奉道教，视鲤鱼为神仙的坐骑，加上"李"为国姓，讲究避讳，故而唐人多不食鲤鱼，唐代也极少见鲤鱼菜谱。又如元代对各少数民族和宗教采取宽容、利用的政策、重视边陲和内地经济文化的交流，所以"西天食品"、"维吾尔食品"、"回回食品"、"西夏食品"、"蒙古食品"、"女真食品"、"高丽食品"和"南番食品"得以介绍到中原。还有明代宫廷时兴用红木八仙桌宴享群臣，清代王公以能吃到御赐的"福肉"为荣，上行下效，都蔚成风气。三是地缘和气候原因。饮食民俗对自然环境有很强的选择性和适应性，地域和气温不同，食性和食越自然也不同。像西北迎宾多羊馔，东南待客重水鲜，朝鲜族爱吃苹果梨泡菜，壮族会做竹筒糯米饭；以及东淡、西浓、南甜、北咸口味嗜好的分野，春酸、夏苦、秋辣、冬咸季节调味的变化，均与"就地取食"、"因时制菜"的生活习性相一致。这种饮食上的地区性差异，正是各种菜系或乡土菜种风味特征形成的主要外因。四是宗教信仰原因。"民俗是退化的宗教"，不少食俗乃是从原始信仰崇拜或现代人为宗教的某些仪式演变而来的。像蒙古族尚白，以白马奶为贵；高山族造船后举行"抛舟"盛典，宴请工匠和村民；布朗族逮着竹鼠必须戴花游寨后方可吃掉；水族供奉司雨的"霞神"完毕大伙才能分享祭品；还有和尚过"浴佛节"，穆斯林过"斋月"，广州商人正月请"春酒"，厨师八月十三朝拜"詹王"等食俗的出现，皆源于此。值得注意的是，宗教教义和戒律对教徒的约束力极大，故而此类食俗一旦形成往往就很难变更。五是语言原因。语言既是人们交流思想感情的工具，又是食俗世代传承的工具，同时语言本身也是民俗事象之一。像刀工、涨发、焯水、走油、火候、调味、端托、折花这类烹饪术语的问世；餐旅业中常见的店名、菜名、席名、台名、楹联、字幌、厨谚和歇后语的流行；以及某些食品的传闻掌故，某些地区的饮馔歌谣，某些菜种的方言土语，某些名师的雅号美称之类，无不具有这种属性。而且不少涉馔语言被各阶层采用后，就变成全社会习用的普通词汇；随着这类词汇的广泛传播，它所体现的食俗也就逐步地深入人心了。

倘若再结合中国饮食史来考察，更可看出上述诸因素与饮食民俗的相伴共生关系。例如：生食阶段与图腾崇拜；熟食阶段与火神敬仰；烹饪草创阶段与民族的凝聚心态；原始祭祀阶段与先民的媚神活动；食物品味阶段对原料的开发和工艺的钻研；菜点命名阶段对

口承语言民俗和杂艺游乐民俗的借鉴及移植；筵席配器阶段对实用工艺美术的欣赏；诗酒酬酢阶段对人生理想境界的追求；风味流派形成阶段对乡土气息的重视；科学烹调阶段对营养卫生的深入研究等。凡此种种都说明，中国饮食民俗根深蒂固，枝繁叶茂，花红果硕，它始终是与中国的地理环境和经济、政治、文化紧密地交结在一起的。

与此同时，中国饮食民俗的表现形式更是多种多样，其传承惯制在不同的时间和场所也各自不同。

（一）中国饮食民俗的表现形式

类别	传承惯制
欢度年节方面	年节文化的历史延展性和区域播布性； 趋吉避凶的心态以及对美好未来的祈盼； 敬神祭祖同宴客娱人并举； 劳逸结合、尝新品味与养生疗疾统一； 敦亲睦谊，共享天伦之乐； 节令食品中的民间故事及其教育功能等。
家庭生活方面	秉承祖风的家庭膳食结构； 节俭为本，四时三餐统筹安排； 家传名食的乡土风味与调制常规； 以强身健体、延年益寿为目的的饮食忌宜； 宴客家规以及对特殊成员的照顾； 主持中馈的人选和全家老少厨务上的协同等。
婚寿喜庆方面	特定的办宴目的与设席方式； 慎重商订客人名单； 讲究开席的时间、地点、席位与程序； 注重菜品的套路、名称与忌讳； 席间余兴及祥和、红火的喜庆气氛； 细心接待和诚挚服务中的礼仪等。
乡土风情方面	靠山吃山、靠水吃水的摄食原则； 选用当地生产的传统炊具； 按乡民口味爱好调制菜肴和小吃； 用方言土语及俗称给食物命名； 结合地方风物和历史文化铺陈饮馔典故； 依据乡规民约拟定酒礼席规等。
茶馆酒楼方面	精心设计招牌、幌子与门面； 特殊的用具、工装、厨谚及行话； 一堂、二柜、三灶的分工协作； 以名店、名师、名菜、名小吃、名席作为竞争法宝； 摆台、看台、值台的操作规范和优质服务； 开张大吉，欢宴同行，酬宾三天等。

类别	传承惯制
信仰崇拜方面	受教义、戒律制约的食规食禁； 源于宗教典籍的饮食故事； 重视礼器、供品、法衣和祭仪； 饮食生活中的神秘气氛和极强的自制力； 施舍与自给并举的谋生手段； 服食、修炼、健身三结合等。
少数民族方面	民族起源与信仰崇拜孕育的食风； 食饮与生产方式、生活方式协调； 特异的饮料、干粮、调味品、餐具和餐室； 自成一格的进食方式； 宴客优礼有加； 饮食与社交、婚配、竞技、游乐、贸易集市的融合等。

续表

（二）中国饮食民俗的分类体系

食俗的外延宽泛，涵盖面极大，几乎波及人类饮食生活的全部领域，并且影响到农业开发，手工业生产、商业贸易、城镇建设、工艺美术、中医食疗、文学艺术、娱乐杂兴、人际交往、伦理道德、社会风气、宗教信仰以及民族关系等方面。透过这些五光十色的食俗事象，人们可以增长知识，了解社会，陶冶情操，改造世界。

为了便于研究，我们借鉴民俗学的分类方法，将中国饮食民俗分作年节文化食俗、地方风情食俗（含居家饮膳食俗、人生仪礼食俗、饮食市场食俗、地区乡土食俗）、宗教信仰食俗、少数民族食俗四个既有联系又各成体系的类型，分别进行专题考察。

其中，年节文化食俗，即年节期间饮食方面具有传统文化色彩的民俗事象。它是年节文化的重要表现形式，也是观察节日家宴的最好窗口。由于年节起源于天文历法、生产和生活习俗，以及重大的历史事件，是一种有固定庆贺时间、有特定主题及活动方式，有众多人群踊跃参加，世代相袭，自觉自愿的社会活动日；而年节文化又是围绕着年节而产生的复杂的社群文化现象（包括岁时佳节的信仰、心理、伦理、道德、传说、礼仪、游艺、习俗、物质、食品，以及社会控制与调适等），涉及祭祀、纪念、庆贺、社交、游乐、休整、补养诸方面，故而在元旦、上元、端午、中秋、重阳、祭灶等节日里，人们多通过相应的食俗来烘托喜庆气氛，加强亲族联系，调适家庭成员生活，弘扬民族文化和进行家风教育。这一食俗事象丰富多彩，最具研究价值。

地方风情食俗，是以风土人情作为显著标志，流传在某一区域内的饮食民俗。它们在气候环境、物质生产、文化传统和烹调习惯的影响下产生，其特色往往通过特异的食料、食具、食技、食品、食规、食趣和食典展示出来。这一食俗中又包含活跃在千家万户的居家饮膳食俗，依附于婚寿喜庆的人生仪礼食俗，植根于茶楼饭馆的饮食市场食俗以及孕育在东西南北的地区乡土食俗。在居家饮膳食俗中，三餐调配、四季食谱、祖传名菜、养生古法、口味偏好与中馈执掌，均与各自不同的家风家教和生活习性相关。在人生仪礼食俗中，无论是"红喜事"还是"白喜事"，只要是告知至爱亲朋，宾客无不携带重礼登门表示心意，主家在举行相应仪礼之后，所操办的盛宴大多要讲究"逢喜成双、遇丧排单、庆婚求八、贺寿重九"的排菜规矩，并且菜名注重"口彩"，把酒席与礼仪、祝愿结合起来，以红火、风光为满足。在饮食市场食俗中，店堂装潢、厨务分工、菜点制作、经销方式、服务规程、接待礼仪等皆有常例，并努力呈现鲜明的地方色彩和店家的经营气派，与乡景、乡情、乡物、乡音、乡俗、乡味、乡礼珠联璧合。在地区乡土食俗中，东北、华北、西北、华东、华中南、华西六个大的自然行政区划食源相异，膳食结构与肴馔风味也相异。其食俗明显带有经济地理的痕印，留下审美风尚的遗迹。这一食俗具体体现在各地的菜系或乡土菜种中，有着很强的诱惑力。

宗教信仰食俗，是在原始宗教或现代宗教的制约下所形成的食禁、食性、食礼与食规。它们在行动上多有某种手段或仪式，在语言文字上多有某种语汇或戒律，在心理上多有某种支配精神意识的神秘力量；其突出表现便是允许吃什么和不准吃什么，什么时候吃或不吃，以什么名义或按什么方式吃，并且对于这些"清规"都能运用宗教经典或神话传说进行有理有据的解释。这一食俗既制约出家人，也制约善男信女，日常饮食、年节饮食、祭祀饮食、礼仪饮食都概莫能外。像大乘佛教徒"只吃朝天长，不吃背朝天"；小乘佛教徒则是"只要不杀生，也不禁荤腥"；喇嘛们禁食奇蹄动物、五爪禽和鱼鲜；道教中的全真派禁绝"五辛"，注重"三厌"，荤酒回避，斋戒临坛；穆斯林奉行"五禁"，年复一年自觉过"斋月"；基督教徒只是在"小斋"、"大斋"、"封斋"期间在饮食上加以检点。与其他食俗相比，宗教信仰食俗上都具有"准法律性"，教徒奉行心甘情愿，谦恭虔诚。宗教信仰食俗还为中国食苑培育了两朵娇艳的鲜花——清丽的素菜和清真菜。

少数民族食俗，是指各有传承或祖训，特别讲究忌宜，分别流传在 55 个少数民族内部的特殊食俗。其始因有的是受民族起源和英雄传说的影响，有的是生产方式和生活方式的限定，有的是信仰膜拜和礼俗品德的熏陶，有的是文化艺术和心理感情的积淀，还有的是以上诸方面综合作用的产物。在众多食俗中，这一食俗最为复杂又最具精彩。他们巧妙利用飞禽动植，食物组配顺其自然，因时而异变换餐制，就地取材制作炊具，饭菜烹调别有章法，茶酒奶汤各有妙趣，民风食俗水乳交融，宴宾待客情意拳拳，像土家族过"赶年"，高山族爱"围炉"，蒙古族新春"半月不撤席"，哈萨克族"宰羊先问客"，纳西族喜欢举办"街心酒宴"，满族正月要请"食神"，畲族娶亲常由厨师"对歌点灶火"，景颇族婚席后必给来宾赠"礼篮"，鄂伦春族迎客大摆"狍子宴"，侗族大庆又是巧烹"酸鱼席"；再如仫佬族的"吃虫节"，布依族的"撵山礼"，瑶族的"吃笑酒"，黎族的"射牛腿"，怒族的烤"石板粑粑"，藏族做"河曲大饼"，哈萨克族用皮囊酿制"速成酒"，京族男女谈恋爱"以歌代言，托食寄情"，等等，无不是纯朴民风的结晶，饮馔美学的升华。

三、中国饮食民俗的特征、属性和社会功能

中国民俗是中国数千年传统文化的衍生物。它植根于中华民族大家庭的沃土中，深深受到儒家思想和封建宗法观念的浸润；中国的国体、国民性、伦理道德、意识形态以及历史演变的独特进程，都会对其施加积极而深远的影响，使之具有鲜明的"个性"。与其他国家的食俗相区别。

中国民俗的内部特征是民族之间的区别、阶级之间的差异，还有全人类的某些共通性；其外部特征是历史性、地方性、传承性和变异性。这些特征集中起来，就表现为林林总总、千差万别的民俗事象和地方风情。中国饮食民俗的特征与此大同小异，仅是在物产的限定性、地域的差异性、民族的共融性、家庭的传承性、宗教的规约性、权威的倡导性、社交的媒介性、迎宾的礼仪性、年节的自娱性和传闻的教育性上显得更为突出一些。当然，这些特征也不是孤立地、静止地存在的，它们之间常有联系，或纵向承袭，或横向播布，或彼此融化，或相辅相成。还由于中国饮食民俗有年节文化食俗、地方风情食俗、宗教信仰食俗和少数民族食俗四个类型，它们各自的主体特征自然也不会完全一样，这是事物的质的规定性所促成的。中国食俗又好似一个灵敏度极高的多棱镜，有时通过其中的某一事象，可以从不同侧面反映出广阔的社会生活图景，帮助人们观察和理解经济、政治、文化领域中的许多现象及其本质，学到活的知识。所以，考察中国的饮食民俗，特别是那些带有原始气息、封建烙印、宗教意识和神秘色彩的食俗，一定要多方位、多角度、多层次地进行分析，这样才能判断其是非功过，决定取舍或改造。

　　从属性上看，中国饮食民俗同其他食俗一样，也有良俗、俗信、迷信、陋俗和恶俗之分。所谓"良俗"，是指对社会发展和人民生活有积极影响，在历史上起过进步作用，至今仍有良效的食俗，如日定三餐、熟食为主、荤素调配、食有定量之类。它适应今天的国情，有利于保障人们的身体健康，应当继承发扬。所谓"俗信"，系由原始信仰崇拜或古代迷信意识转化而来的合理的食俗，如三月三吃鸡蛋、五月五包粽子、六月六熬羊肉、九月九蒸花糕等。此类食俗有益无害，且能增添生活的色彩和节日气氛，需要保留。所谓"迷信"，是因为相信星占、符咒、巫蛊、风水、命相、鬼神等愚昧活动而诱发的食俗，像祭灶君、求神水、孕妇不许吃兔子、结婚不能吃梨子，等等。很显然，这是封建社会遗留的陈迹，群众摒弃它们还得有一个过程，只能教育、引导。所谓"陋俗"，主要指背离时代要求，阻碍社会进步，助长不正之风的食俗，如有些公宴讲究"吃一留三"的排场，有些地区流行极不文明的酒令，逢年过节饮食攀比，婚寿喜庆大操大办等。此类食俗有害无益，容易败坏社会风气，应针对不同情况采取不同措施予以改革。所谓"恶俗"，系指严重摧残或伤害人身，毒化人的思想，损害民族形象的食俗，如用手表拼成"彩碟"亮富，举行"世界之最"的食量比赛，江湖义气喝血酒，旧社会土匪吃人肉等。对此，毫无疑义必须坚决废除，触犯法律者还应惩治。

　　由此可见，对待饮食民俗要认真分析，继承其民主性、科学性的精华，剔除其封建性、愚昧性的糟粕，逐步用充满生机与活力的新食俗取代陈腐落后的旧食俗，从而达到美化人民生活、陶冶民族情操、净化社会风气、培养良好品德之目的。欲改革饮食民俗，首先要了解它，研究它，正确评价它；没有后者做基础，前者往往落空。就以最近几年反复强调的筵席改革来说，许多文件和文章从营养、卫生、节俭、风气等方面议论得很多，并以海外三五道菜便可以办国宴作参照，还提出一系列的设想，部分地区也试行过一些改革方案，可是从全局看至今收效依然甚微。为什么？有三个关键性问题未能从根本上得到解决。其一，中国传统的烹调工艺习惯于做"整料造型菜"（如全鸡、全鸭、全鱼、全膀之类），不太适应于做"零件分割菜"，这与当今倡导的分餐制和"份饭"存在着不少矛盾。其二，公款请客、大吃大喝之风并没有遏制住，许多盛宴的规格一直居高不下，"节俭"二字实在是无从提起，所谓的"四菜一汤"、"各自付账"、"超支不许报销"、"筵席税"，往往流于形式。其三，这也是最重要的，许多改革方案中"洋"的成分多，"土"的东西少，对传统酒筵的礼俗注重不够，与群众的娱乐心理极不合拍。人们总觉得限制了菜品数量与酒水，撤去座椅，改用公筷，实行自助餐或分食制之后，筵席中的人情儿和乡土气息淡如"清汤寡水"了，很难在娱情悦志、敦亲睦谊、酒食合欢等方面得到精神上的满足，因而对某些新的酒宴规程难以接受，其表现就是"你说你的，我吃我的"。如果是在痛下决心纠正不正之风的前提下，积极研究和改进筵席菜品的烹调工艺，并且依据中国饮食民俗本身的发生发展规律对传统酒餐进行改造，效果可能会好得多。具体地讲，要以历史的观点和分析的态度对待传统筵席规程，认真研究菜品编排和进餐形式中的民俗惯制，在改革时既注意其科学内容又尊重其民族形式，努力做到"小"（控制规模与格局）、"精"（菜点尽量少而精）、"全"（营养配给全面合理）、"特"（地方特色风味鲜明）、"趣"（风趣、欢腾、红火）、"雅"（文明、礼貌、卫生）的完美结合。这样，新的筵席格式必定能得到社会的认同。

从社会功能看，由于中国饮食民俗是中华民族创造的物质文明成果和精神文明成果的结晶，起着继承历史文化的纽带作用，因此它具有明显的历史功能、教育功能和娱乐功能。

说它有历史功能，是因为中国食俗的孕育呈现出明显的时代层次，好似不同年代的历史文物埋藏在同一地点的不同地层之中，故而它是活的社会"化石"，逼真的历史"录像带"，饮食文明史中的"特写镜头"。像"仿唐宴"中就有唐人饮食生活的风采，"孔府宴"中就有古代书香门第的翰墨气息。通过这一功能，人们可以记录、了解、研究中国烹饪发展史上的某些片断，进而探寻和总结中国饮食文化对全人类的贡献。说它有教育功能，是因为中国食俗有着深厚广博的群众基础，它们的产生大都蕴含着一定的功利目的。丰富多彩的食俗事象，不仅可使本民族熟悉自己祖先创造的灿烂文化，还能够通过食俗活动的潜移默化，进行传统教育，增强民族自豪感和民族自信心，形成良好的民族心理和民族性格。我国许多少数民族团结互助、豪爽待客的民风，在很大程度上都与食俗的长久熏陶有关。说它有娱乐功能，是因为中国食俗既被广大群众所创造，又被人民所利用。食俗又常和社交、婚恋、欢聚、游乐、竞技、集市相结合，带有很强的娱乐性。尤其是欢腾的年节文化食俗、喜庆的人生仪礼食俗和情趣盎然的少数民族食俗，多以社群的形式出现，表现了本民族人民对自己优秀文化的热爱，洋溢出健康、向上的精神和情调，人们可以从中获取乐趣，调适个人的物质生活与精神生活。汉族的春节、回族的开斋节，都是这方面的生动事例。此外，通过食俗还可以传授生产技能与生活知识（如采集食科、制作炊具、学习烹调、料理家务），帮助人们学会生存的本领，能在社会上自立、自强。

"国以民为本，民以食为天。"饮食和饮食民俗是人民生活中不可缺少的有机组成部分。深入研究它们的特征、属性和社会功能，对于国计民生无疑有着深远的历史意义和巨大的现实意义。

四、中国饮食民俗研究的任务

饮食民俗有其产生、发展和新陈代谢的规律；饮食民俗学，就是研究和总结这些规律的科学。在当代，中国饮食民俗学应当以研究人民饮食生活方面的传统文化、健身法则和心理欲求为主要任务；以振兴民族精神、树立食俗新风为首要目的；以饮食服务业从业人员掌握必备的食俗理论和知识为具体要求。从现阶段的迫切需要来看，以下五方面的食俗事象可作为重点研究课题：第一，本地饮食的民俗结构（包括餐制、主副食、调味品、烹制技法、菜品风味、嗜食习惯、养生食疗观念等）。通过这一研究，为各地科学地指导与调整食物结构提供依据。第二，土特产原料及其利用中的民俗传承（包括培育、采集、加工、制作、储藏、销售、命名、品尝以及有关的传闻）。通过这一研究，为进一步开发食物资源和增加肴馔品种提供参考。第三，日常饮食、节令饮食和礼仪饮食中的民俗惯制（包括四时三餐的食谱、节令食品的制作、筵宴铺陈与接待、酒礼席规等）。通过这一研究，提高群众日常制食水准，美化节日生活，对食礼进行规范，加快筵宴改革的进程。第四，不同人群的饮食禁忌与特殊信仰（着重于少数民族和宗教信徒）。通过这一研究，改进接待方式，提高服务质量，更好地执行民族政策和宗教政策。第五，食俗中的口头语言传承事象以及餐旅业的民俗标志（主要指饮食业行话和饮食市场）。通过这一研究，为编写行业志积累资料，为改善餐旅业经营管理提供借鉴。

为了完成上述任务，我们应当以历史唯物主义和辩证唯物主义作指导，运用科学的方法和先进的手段，通过查阅史料、实地考古或民间调查，开展至今仍在社会生活中传承的食俗事象的搜集与整理，逐步建立中国饮食民俗学的学科体系，以之丰富中国人文科学的宝库，推进世界人文科学的发展。我们还应当用饮食民俗学的理论和知识，武装烹调师、面点师、宴会设计师和餐旅业经理的头脑，使我国人民的饮食逐步向民族化、地域化、季节化、风味化、精细化和科学化的标准过渡，使饮食民俗在改革开放中发挥更好的作用。

（一）立春民俗：饮食有讲究，生吃水红萝卜叫"咬春"

早在春秋时期，立春就作为一个节气出现了。在先秦文献中已有关于迎春礼的描述。到东汉时正式产生了迎春的礼俗和民间的饮食服饰习俗。在唐宋时，这些礼俗和习俗都发生了显著的变化。明清两代是立春文化的鼎盛时期。辛亥革命以后，立春的官方礼俗骤然消亡，而民间的习俗也逐渐式微。现在，立春只作为一个节气而存在，相应的民间习俗只在一定程度上保留着，或者说通过春节的喜庆延续着。因此，关于立春的礼俗和民俗对许多人来说可能是相当陌生的了。

民间在立春时的饮食很有讲究。比如，人们生吃水红萝卜，谓之"咬春"。

萝卜古时叫芦菔。苏东坡的诗中说："芦菔根尚含晓露，秋来霜雪满东园。芦菔生儿芥有孙。"清代吴其著有《植物名实图录》，其中说：将芦菔"以蔓菁同为羹，固可胜酥酪，至槌根烂煮，研米为糁，宽胸助胃，不必以味胜矣。"这里说到了萝卜粥有理气助消化的功能。李时珍对萝卜更是赞誉有加，认为它"根叶皆可生，可熟，可酱，可豉，可醋，可糖，可腊，可饭，乃蔬中之最有利益者"。而且，萝卜还有很大的药用价值，它可祛痰、通气、止咳，甚至解酒、解毒、补脾胃、御风寒。由此可见，吃萝卜表面看来不仅是一种风俗，实际上它是古人关于营养、健身、祛病的经验之谈。

北方吃萝卜，南方吃生菜与吃萝卜有同样的意义。同时，在立春时，还有春宴用的春盘。春盘有专用萝卜做的，也有用五种辛辣蔬菜做的五辛盘。五辛的一种解释是葱、蒜、椒、姜、芥。实际上，食五辛不仅可以驱寒，还可以杀菌，也是古人的养生健身之道。

立春时，春盘是副食。主食是什么呢？那就是春饼。春饼用小麦面制作，烙制而成。单吃面饼不够味。于是人们又有了面饼加火腿肉、鸡肉、菜心，甚至辅以柿饼、黑枣、胡桃仁、糖、豆沙，做成馅，油炸而成。

办春宴，除了主食、副食以外，必须要有酒，这就是春酒。喝酒能烘托喜庆气氛。有时人们吃得十分尽兴，往往相互拜访、宴请，一下就吃到元宵节了。

立春时的穿着也是有讲究的。官方迎春穿青衣，戴青色头巾。清代官员要穿吉服或者朝服。老百姓穿什么呢？那就花样繁多了。

青年妇女头戴彩花，称为春花。孩子则除了穿花衣以外还要放炮。儿歌说："新年到，新年到，闺女要花儿要炮。"除春花外，还有春燕、春蝶和春蛾，这些纸做的饰物都一起上了少女的头。燕子是春天的象征，也是吉祥的象征。如果谁家有燕子来做窝，不仅象征吉祥，而且还象征多子多福。古时，人们把多子多福看成是门第兴旺的表现。

孩子不光放鞭炮，也得穿戴点什么。于是布做的春鸡和春娃就上了孩子的帽子和衣服。"鸡"与"吉"谐音，因而也是吉祥如意的意思。迎春礼中的春杖也被妇女微缩后戴在头上。真正的春杖是官方鞭春用的，没有老百姓的份儿。百姓便把微缩的春杖戴在头上，也就算是重在参与了。朝廷迎春时旗帜为青色，老百姓也就把青色的小旗戴在头上了。

人在立春时要打扮，房屋也不能亏待了。于是有人写了"宜春"二字，贴于房门之上。再发展一下，"春"字、"福"字、"寿"字也都上了门。直到现在，元旦春节期间仍然"福"字满天飞，还要倒贴，告诉人们"福到了"。

人打扮了，房屋打扮了，于是牛、马也跟着打扮起来。牛角、马耳上有了红布，或者用红绿色搽牛角。古人认为，红色不仅象征吉祥，而且可以驱邪避灾。

（二）青岛饮食民俗

古语说，"民以食为天"，可见饮食在人类生活中的重要地位。随着社会生产力的发展和人们经济生活的不断改善，饮食风俗也在不断变化和丰富。

饮食民俗大致表现在日常生活饮食和礼仪饮食两个方面。前者是为了满足人类的生活需求，主要包括饮食结构和一天的餐饮次数、时间；后者则是从礼仪等社会需要出发，包括节令食品、礼仪往来食品和信仰上的供品等。

饮食民俗有很大的稳定性，有些食俗传承下来后很难改变，如生活食制中的一日三餐，礼仪食俗中的正月十五吃元宵、五月端午吃粽子、中秋节吃月饼等，相沿至今仍继续流传着。在饮食风俗中，有一些习俗体现了我国人民尊老爱幼的优良传统。

青岛人在新粮登场和瓜果上市时，要请上辈老人先吃，叫"尝鲜"。吃饭时老人"坐上首"，好菜"开头筷"，若小孩先动筷子，大人会斥责为不懂规矩。有些村庄还有新麦上场时儿媳妇给独居的公婆送第一锅饽饽的风俗，这些已成为我国"孝俗"中的重要组成部分。

下面对青岛地区的饮食民俗作一些简单的介绍。

1. 饮食结构与生活食制

青岛地区的食俗属于我国北方类型，受京津一带影响很深。人们的饮食以玉米、小麦、地瓜为主，杂以谷子、高粱、豆类（黄豆、绿豆、豇豆、红豆）、黍子等五谷杂粮副食以蔬菜为主，肉类、蛋类过去是寻常人家办喜事和待客的珍品。

城市和农村都通行一日三餐，早晚称"朝饭"，午饭称"晌饭"，晚饭称"夜饭"。农村在冬闲时则一日两餐，称"吃两顿饭"。过去，农村朝饭一般为小米稀饭或高粱面、玉米面稀饭，配以玉米饼子、地瓜、地瓜干。高粱面、玉米面稀饭统称"黏粥"，也叫

"糊涂"。晌饭是小米干饭，有时掺上豇豆或绿豆。夜饭是面汤（面条）。这种饮食安排叫"两稀一干"。如今农村饮食变化较大，大米白面成为寻常人家的家常便饭，鱼肉习以为常，玉米饼子、地瓜干已很少食用，农闲时的"两顿饭"也多改为一日三餐，然而早饭吃稀粥的习惯无论城市还是农村都没有改变。

2. 日常食品

（1）玉米饼子。

这是过去青岛人的主要食品，人们习惯叫"苞米饼子"，是用玉米面加水放入锅内做成，有烀饼子、蒸饼子和菜饼子等多种。菜饼子是用玉米面加野菜或青菜叶子上锅蒸熟，是人们度荒年时的主食，现已无人食用。另外还有用少许白面（小麦面）做成的"发糕"，则属玉米做法中的上品，多在节日中食用。

玉米饼子就咸鱼、虾酱。是青岛沿海渔民中最常见的吃法。咸鱼中以咸鲅鱼、咸刀鱼（带鱼）和咸白鳞为最佳，虾酱则有虾子酱、蟹酱和虾头酱（用对虾头磨成）等。山地人喜欢大葱蘸大酱就饼子吃，大酱都是农家自己制作的，有豆瓣酱、面酱（用小麦制作），其中用黄豆发酵做成的豆豉，掺以萝卜丁、胡萝卜丁、白菜丝等，吃起来鲜美可品，特别受人们喜爱。

（2）地瓜。

学名甘薯，是青岛地区，特别是即墨、莱西、崂山一带人们的主食。由于地瓜产量高，茎叶是喂牲畜的好饲料，又适于山岭薄地种植，所以在青岛山区广泛栽种。鲜地瓜怕冻，不好储藏。莱西等地冬天多把地瓜放在屋内顶棚上；即墨、崂山等地则多堆积在生火的炕头，或在屋内挖地窖存放。一般可吃到来年春，所以有"地瓜半年粮"的说法。地瓜的吃法多种多样，除鲜地瓜煮食或擦丝煮粥外，主要是切片和擦丝晒干，分别叫"地瓜干"、"地瓜丝"。将地瓜干、地瓜丝碾碎磨成面，即为地瓜面。地瓜丝可用来做成"豆包"，不太好吃，所以就有了"别拿着豆包不当干粮"的俗语，意思是别瞧不起人。地瓜干只能煮着吃，由于吃起来不可口，如今很少有人食用，只能做饲料了。地瓜面可单独和面烙饼或烀饼子，还可与其他面粉混合包饺子、擀面条或做其他面食。有些做法很有特色，如采一种叫"筋骨草"的野菜或榆树皮，捣碎后和地瓜面混合，擀成面条，放锅内篦子上蒸，锅底煮上菜卤，熟后将菜卤浇在面条上食用，这种饭菜一锅熟的做法，人们给起了个很形象的名字，叫"二起楼"。还有一种叫"金银卷"的食品，是用白面（小麦面）、玉米面、地瓜面分3层卷起，上锅蒸熟而成。金银卷黄、白、黑三色相间，吃起来香里透甜，这种做法在青岛地区也很盛行。地瓜以前是青岛人的主食之一，所以，在吃法和做法上有很多花样。如今，人们的生活水平提高了，地瓜作为主食的时代已成为历史，但"地瓜食品"仍深受人们喜爱。烤地瓜、地瓜枣、炸地瓜片还拥有大批的爱好者。地瓜枣（莱西叫地瓜阴干）是在冬天把煮熟的地瓜切片晒干后密封于缸、坛内，到春天取出，上面一层白醭，味道甚佳。炸地瓜片则是把鲜地瓜切成薄片，上锅用食油炸熟后，撒上砂糖，吃起来香脆可口。如今地瓜枣、炸地瓜片，在食品摊和食品店里多有出售。

（3）米饭。

青岛地区不产大米，过去，大米饭在有钱人家的餐桌上方能见到，寻常人家吃的多是小米干饭。即墨等地把做干饭叫做"捞干饭"，做法是把小米加水煮成半熟后，把汤滤出再上锅蒸，滤出来的饭汁叫"饮汤"，这样，饭做好后吃的喝的就全有了。这种既省柴草又省工的做法，世代相传，直到如今。小米干饭里如加上豇豆，或红豆、绿豆，则饭更香，味道也各不相同。有时人们还用胡米（高粱米）或穄子米做干饭。穄子皮厚产量低，做出的饭味道不佳，如今已无人栽种。用黍子米做的饭叫"大黄米饭"，多用它包上面皮蒸糕，是一种节日食品。

（4）稀饭。

农家常吃的是小米稀饭、胡休米稀饭和玉米糁子饭，或用玉米面、胡休面熬成的各种面子饭。小米稀饭营养丰富，是妇女"坐月子"和伺候老人、病人时的佳品。用少许玉米面掺上野菜，再加点盐做成的稀饭叫"菜饭"，是以前度荒年的食品。

（5）饽饽。

也叫"馒头"，是逢年过节、祭祖供神和亲友之间礼尚往来的主要食品，花样繁多。枣饽饽是在饽饽顶端做上5个枣鼻子，嵌上红枣蒸熟，作供品用；磕饽饽则是用面模（俗称"饽饽磕子"）磕出莲蓬、鱼、桃、蝉、狮、猴等形状的面食，用以赠送亲友和节日期间食用。在重要节庆日，如祭海，渔妇们还在饽饽上做上鱼、虾、蟹、贝、花卉或鸡、燕等动植物面塑，形象逼真，造型美观，使人乐于观赏，不忍心吃掉。

（6）面条。

青岛人习惯叫"面汤"，由农妇们和面用擀面杖擀成，按形状分，有宽面汤、棋子块面汤（用刀切成菱角形）和细面汤等，宽面汤（也叫"宽心面"）是结婚时新郎新娘必吃的食品，现在城乡婚礼中仍很流行。按粮食品类分，有白面汤、豌豆面汤、杂面汤（由白面、豆面混合而成）、"三条腿面汤"（由白面、豆面、地瓜面混合成）等。用直豆面挂成的面汤，片薄光滑，吃起来非常可口。

（7）饺子。

在青岛农村叫"滑扎"，是青岛人最爱吃的一种食品。过去，老百姓家只有过节或招待客人时才包饺子，常见的有白菜猪肉馅、萝卜丝虾皮馅、韭菜馅等。沿海一带的鱼饺子很有特色，其中以鲅鱼饺子为最佳。青岛市区至今在谷雨前后鲅鱼上市时，子女还有向老人送鲅鱼、让父母尝鲜鲅鱼饺子的习俗。近年来，还有一种野菜（荠菜）馅饺子很得青岛人青睐，春季在一些大饭店的餐桌上常可见到。

（8）野菜。

旧时，农村百姓度荒年时，多在野菜里掺上少许粮食或麸皮做成菜团、菜饭食用。青岛人常吃的野菜有山菜、苦菜子、荠菜、扫帚菜、灰菜、蛐蛐牙、七七菜、阴青菜、蚂蚱菜等，也吃槐花和榆树钱。如今已无人以野菜代粮了，但山菜、苦菜子和荠菜在春天仍有人叫卖。人们多用它来包包子。许多昆虫也经常成为青岛人饭桌上的菜肴或零食，如桑蚕蚕蛹、柞蚕蚕蛹、松毛虫蛹、蝉和蝉的幼虫（"知了鬼"）、蚂蚱等，油炸豆虫、油炸蝎子已成为人们餐桌上常见的美味佳肴。

3. 特殊食品

在青岛人的家常饭中还有许多做法独特、味道别致的食品，至今仍很受人欢迎。

（1）馇渣。

又名"小豆腐"，是将水泡的黄豆用水磨磨成豆沫子掺菜煮成，叫"馇渣"。可做馇渣的菜很多，萝卜缨、胡萝卜缨以及苦菜子、七七菜、阴青菜等野菜都经常被人们采用。莱西一带用芋头叶做的馇渣，人们认为味道最美。

小麦刚熟时，将青麦穗上的麦粒煮熟，搓去外皮，用石磨磨成长条食用，别有风味。

（2）萝卜冻。

这是沿海地区渔民喜欢吃的一种菜肴，是把青萝卜切成小方块与咸鱼一起混合煮成。煮熟后，萝卜与咸鱼黏连成冻，味道鲜美。用鲅鱼、白鳞鱼做的萝卜冻属冻中上品。

（3）石花菜凉粉。

将从海中捞来的石花菜上锅熬煮成乳白色原汁，原汁凝固后切成小块，拌上香菜末、胡萝卜、咸菜末及香油、醋等调料即可，色佳味美，已成为外地旅游者乐于品尝的佳品。

4. 礼仪食俗

青岛人豪爽、好客，重视礼尚往来，不管平日生活如何简朴，遇到办席请客，也必尽力操办。这本是一种良好的习俗，但过分讲体面、重形式也助长了铺张浪费风气，加重了人们的经济负担。

在当地，客人进门时，即便已近中午，主人也要先打荷包鸡蛋，叫"烧水喝"，然后再备酒备菜，开正席。临别前还要再设一餐，表示送行。

民间筵席一般先设茶点，再上 4 ~ 6 个冷菜拼盘，然后逐步上 8 ~ 12 个热菜，叫作"几盘几碗"，城市筵席以精巧为上，农村筵席以丰厚为好。

胶州马店、沽河、胶莱等乡镇寿辰、婚丧等筵席要上 5 道饭菜：第一道是 4 盘点心和茶水；第二道是米粥，加 4 种小咸菜；第三道才是大菜，一般为 24 个或 48 个，最多的可达 64 个菜；然后还有第四道的水果、茶点和第五道的糖果、花生、瓜子等。第五道上席后主人宾客还可边嗑瓜子边海阔天空地神聊，从上午 9 点坐下，要吃到掌灯时分，方尽兴而散。筵席的上菜顺序也有规定，第一道菜上鸡，象征吉利。然后是海鲜、肉类等，无特别规定，最后一道必是鱼，而且是带鳞的全鱼，取连年有余之意。这样，首尾两道菜就概括成"吉（鸡）庆有（余鱼）"了。

人们乐于把这种筵席称作"光铺张不浪费"，因为许多大菜都是青菜垫底，上面盖上一层猪肝、猪肚等肉类，仅仅走走过场而已。但这种烦琐而又浪费时间的礼俗，也足以使一些赴宴者望而生畏了。逢宴必备酒，无酒不成席。在筵席上，主人总希望客人开怀畅饮，敬酒的礼节也多种多样。斟酒必须斟满，叫"茶要倒浅，酒要倒满"；敬酒要自己先喝，叫"先喝为敬"；敬酒还要连敬双杯，叫"好事成双"。

近来，有一些劝酒词很时兴，如"感情深咱就一口闷，感情浅你就舔一舔"。被敬者则推辞："咱感情好，能喝多少喝多少吧！"于是推推让让，说说笑笑，不知不觉中气氛已很好了。过去，筵席上多喝即墨黄酒和农家自己用地瓜酿造的白酒，用小锡壶烫热后喝。如今，白酒、啤酒、黄酒、果酒并用，不再热烫。另外，一些很有民间特色的各式小酒壶也不多见了。

即墨、崂山一带有一种叫"代桌"的习俗。农家办红白喜事，因客人太多，应接不暇时，可请邻里帮忙。邻里在自己家里备宴代为招待一桌或数桌客人，以后邻里有事再代为接待，叫"还桌"。这一习俗解决了当事人的一时困难，也增进了邻里之间的感情，至今仍在民间流行。

汉族的各类岁时节庆日从年初开始直到年终，每个节日差不多都有相应的特殊食品和习俗。如春节除夕，北方家家户户都有包饺子的习惯，就寓含着亲人团聚、阖家安康的意义和祝愿；而江南各地则盛行打年糕、吃年糕的习俗，寓含着家庭和每个人的生活步步升

"高"（糕）的良好祝愿。另外，汉族许多地区过年的家庭中往往少不了鱼，象征"年年有余"。

端午节吃粽子的习俗，被赋予深厚的文化意义，它把深切怀念杰出的诗人屈原的爱国主义精神和浓重的乡土感情结合起来，千百年来传承不衰；端午节的雄黄酒则将保健效用和信仰心理作用结合为一体，成为既驱虫又避邪的吉祥饮品。

中秋节的月饼与自然天象的圆月相对应，寓含了对人间亲族团圆和人事和谐和祝福，月饼既成为自然景象的象征物，又被赋予浓重的文化意义。

其他诸如开春时食用的春饼、春卷，正月十五的元宵，农历十二月初八吃腊八粥，寒食节的冷食，农历二月二日吃猪头、咬蚕豆，尝新节吃新谷，结婚喜庆中喝交杯酒，祝寿宴的寿桃、寿面、寿糕等，都是在历史发展中形成并且一代代传承下来的节日习俗中特殊的食品和具有特殊内涵的食俗。

第三节　菜品的整理与分类

一、调味的概念

调味是指在制作菜肴时，运用各种调味品和调味手段，使菜肴主料、辅料、调料科学组合、相互作用产生复合的化学反应，出现一种特殊的滋味。

二、影响菜肴味道的感觉因素

（一）温度对味觉的影响

温度是影响味觉敏感性的主要因素。

冷盘给人以爽口之感。

随着温度的升高味觉的敏感度逐渐降低。菜品温度在 17～42℃时，人们对盐的敏感度降低，所以对特别热的菜感觉不出咸。

（二）舌头的不同部位对味觉的感受

舌尖对甜、咸的感觉最强；舌根对苦的感觉最强；舌两侧对酸的感觉最强。

（三）味觉对时间因素的影响

不同的味觉适应所要时间是不同的。

人的味觉器官对酸溶液1.5～3分钟才能适应，甜溶液1.5～2.5分钟才能适应，咸溶液需要20秒到2分钟的适应时间。

所以上菜应先清淡后味重，先咸后甜。

三、味型的分类

（一）　传统味型分类

1. 单一味

单一味也称基本味，此口味是独立存在的，包括酸、甜、苦、辣、咸。

2. 复合味

指由两种或两种以上单一味组合而成的味道。它是菜肴的根本味道。

复合味因调味料组合方式和各地菜的调法不同而不同。

以咸味为基本味型：椒盐味、豉香味、酱香味

以甜味为基本味型：蜜汁型、拔丝型、挂霜型

以苦味为基本味型：陈皮型、苦瓜型、苦茶型

椒盐味：椒盐排

酱香味：酱香牛肉

（二）对味的感觉分类

食物色泽可分为白色、红色、黄色、绿色、黑色等。每种颜色都有特定的心理味觉。

白色食物：以提供碳水化合物为主的谷物食品，包括米类、面类。

白色给人以整洁、软嫩、清淡之感。

红色食物以动物性食材为主，包括各种肉类、鱼虾类。

红色食物会兴奋中枢神经，振奋精神。给人以华贵、富有、喜庆感觉。

黄色食物：以干果类、豆类为主，包括大豆、豆制品和籽仁类等。

黄色食物高雅、温馨、赏心悦目。

绿色食物：以水果、蔬菜等植物性原料为主。

绿色菜肴会让人舒缓情绪、愉悦身心。

黑色食物：以各种菌类、海藻类和一切黑色的特殊的营养食物为主。

黑色给人以自然、质朴和营养的感觉。

四、调味的作用

（一）除异味

如动物内脏、牛、羊、猪肉等的臭、臊、膻等不良气味。

（二）减轻烈味刺激

芹菜、萝卜、茴香、辣椒等具有特殊的气味，用水焯一下可以减轻烈味。

（三）辅助主料增加味道

有些原料淡而无味，如燕窝、鱼翅、海参、豆腐、粉丝等。

（四）决定菜肴的滋味

调味后可以赋予菜肴特殊的味道，如糖醋味、麻辣味、鱼香味等。同一食材可以做成不同的味型。

（五）增加菜肴的色泽

可借助有色调料在加热中与其他物质发生呈色反应来增加菜肴的色泽。如牛奶、精盐、蛋清可使鱼片洁白。

（六）增加营养

酱油、酱的蛋白质含量丰富；芝麻、芝麻酱蛋白质含量达20%；醋可以增加对钙的吸收；大蒜有杀菌的作用。

第二章 海鲜

第一节 海鲜概念

海鲜（Seafood），又称海产食物，是指利用海洋动物做成的料理，包括鱼类、虾类、贝类。虽然海带这类海洋生物也常被料理成食物，但是海鲜主要还是针对动物制成的料理为主。狭义上，只有新鲜的海产食物才能称为海鲜，海鲜的分类有活海鲜、冷冻海鲜。经干燥脱水处理的海产食物称为海味。

（一）海味指食用的海生动物

元杨显之《酷寒亭》第三折："我江南吃的都是海鲜。"《圣武记》卷二引清许旭《闽中纪略》："自此海禁遂撤，会城之内，海鲜满街。"

（二）海鲜多指海味，中国就有"山珍海味"之说

海鲜生吃应先冷冻、浇点淡盐水。牡蛎及一些水生贝类常存在一种"致伤弧菌"细菌，对肠道免疫功能差的人来说，生吃海鲜具有潜在的致命危害。医学专家指出，将牡蛎等先放在冰上，再浇上一些淡盐水，能有效杀死这种细菌，这样生吃起来更安全。

海产品虽然含有丰富的营养物质，但是不宜多吃。受海洋污染的影响，海产品内往往含有毒素和有害物质，过量食用易导致脾胃受损，引发胃肠道疾病。若食用方法不当，重者还会发生食物中毒。所以，食用海产品要适量，一般每周一次即可。

海鲜有利于降血脂，过多食用有可能使人体胆固醇升高。科学家发现，爱斯基摩人较少患心血管疾病，这与他们的主要食物来自深海鱼类有关。这些鱼类含有丰富的多价不饱和脂肪酸，可以降低甘油三酯和低密度脂蛋白胆固醇，减少心血管疾病。虽然虾、蟹、沙丁鱼和蛤的胆固醇含量多些，不过因为它们的饱和脂肪酸含量较低，并且，虾、蟹类海鲜的胆固醇大多集中在头部和卵黄中，食用时只要除去这两部分，就不会摄入过多胆固醇。

海参有壮阳、益气、通肠润燥、止血消炎等功效，经常食用，对肾虚引起的遗尿、性功能减退等颇有益处。海参的食疗方法有海参粥、海参鸡汤等。

鳗鱼能补虚壮阳、除风湿、强筋骨、调节血糖。对性功能减退、糖尿病、虚劳阳痿、风湿、筋骨软等，都有调治之效。

海蛇能补肾壮阳，治肾虚阳痿，并有祛风通络、活血养肤之功效。

海藻类食品的含碘量为食品之冠。碘缺乏不仅会造成神经系统、听觉器官、甲状腺发育的缺陷或畸形，还可导致性功能衰退、性欲降低。因此，中年人应经常食用一些海藻类食物，如海带、裙带菜等。

金枪鱼含有大量肌红蛋白和细胞色素等色素蛋白，其脂肪酸大多为不饱和脂肪酸，具有降低血压、胆固醇以及防治心血管病等功能。此外，金枪鱼还能补虚壮阳、除风湿、强筋骨、调节血糖等。

虾有补肾壮阳的功能，尤以淡水活虾的壮阳益精作用最强。

带鱼有壮阳益精、补益五脏之功效，对气血不足、食少乏力、皮肤干燥、阳痿等均有调治作用。

瑶柱（鲜贝）营养成分很高，含蛋白质、磷酸钙及维生素 A、维生素 B、维生素 D 等。

海螺和蛤富含维生素 A 和锌，蛋白质含量比羊肉还高。这类海鲜锌含量较高，有益于皮肤和头发健康，维生素 A 有助于改善视力。

体弱者宜常用瑶柱煮粥，很美味。天然味道，不用再加调味品，又富营养，病后精神不振，胃口差者最宜。瑶柱益五脏，而滋肾阴为其所长。肾阴不足此症，常有头晕眼花、面颊烘热，口干咽燥，耳聋耳鸣，腰腿酸软，遗精盗汗，心烦，失眠，小便短赤，午后低热，舌质干红或光剥无苔，脉细数。神经衰弱、糖尿病、神经性耳聋及肺结核等慢性消耗性疾病均常见肾阴不足。

第二节 海鲜历史

"海鲜"古称"海错"，意谓海中产物，错杂非一。追溯东海海鲜风味菜品的源头，虽无确切的文字依据，但根据考古学家的考证，至少在距今 4000～6000 年的新石器时代，人类已懂得采拾贝类以供食用，而且已有熟食加工了。翻开烹饪古籍资料，发现有关海鲜的记载主要有三个方面：一是饮食养生，二是烹饪技巧，三是海鲜菜品。尤以海鲜菜品的记载最为丰富。据史料查实，传统海鲜饮食烹制、调味方法、用料组合以及对火候的把握，都已自成一体。

在早期人类的文化中，海鲜是一个重要的食物来源，人类利用篓和篮这类工具在河流和湖中捕鱼，古埃及文明中，可见到以鱼叉标记的计数方式。

考古学家根据食用后被丢弃的贝类数量，可以计算该地当时的人口数量。

第三节 海鲜分类

一、分类

（一）鱼类（活鲜）

大黄鱼　鸦片鱼　小嘴鱼　多宝鱼　海黑鱼　先生鱼　小姐鱼　海鳝鱼　海鲶鱼　海鲁鱼　海兔鱼　老板鱼　皮匠鱼　石浆鱼　美国红　活大鲍　活小鲍　活海参　活海肠　活甲鱼　鲈鱼　鲅鱼　舌头鱼　辫子鱼　海鲫鱼

(二) 鱼类 (冰鲜)

沙鱼 大鸦片 大海鳝 大鲁子 三文鱼 小嘴鱼 棒鱼

(三) 贝类 (活鲜)

夏夷贝 红里罗 红扇宝 桎子王 大海螺 小海鲜 韩国螺 乌鲍螺 鸟贝壳 肚脐螺 天鹅蛋 芒果贝 白云贝 蝴蝶贝 百花贝 小姐贝 虎皮贝 红贝 龙眼贝 玻璃贝 毛鲜子 麻蚬子 海蛎壳 赤贝 北极贝 象拔蚌 海红 毛海红 小桎子 笔杆桎 小海鲜 小人鲜 马蹄贝 黑牛眼 文蛤带子 赤子 蛏子 小海波螺 香螺 香波螺 辣波螺 尖波螺 偏定螺 海兔 花螺 钢螺 青口贝 白蚬子 海螺丝 蜗牛螺 鲜紫菜 龙须菜 鹿脚菜

(四) 虾类

龙虾 龙虾仔 基围虾 皮虾 青虾 大海虾 卢姑虾 竹节虾 桃花虾 小河虾 小红虾

(五) 肉类 (冰鲜)

鸟贝肉 大蛤肉 蛎肉 鲜贝丁 扇贝肉 沙鲜肉 黄鳝肉 海肠 毛蚬肉 鱿鱼须 鲜鱼杂 鲜鱼肚 青鱼子 刀鱼子 沙鱼脑 蛰头 蛰皮 鲜海蛰 沙鱼肚 先生鱼肉 桎子嘴 功夫菜

(六) 冰鲜类 (水发)

水发参 虾仁 海狗鞭 鱼筋 鱼肠 鱼白 鱼肚 沙鱼皮 棱鱼皮 沙鱼喉 蚕蛹 雄蚕鹅 蟹黄 红鱼子 焖子

(七) 蟹类

梭子蟹 青蟹 毛蟹 红蟹

(八) 藻类

海带片 海木耳 海带扣 龙须菜 裙带菜

二、选购方法

(一) 新海鲜

1. 鱼类

质量好的鲜鱼：眼睛光亮透明，眼球凸起，鳃盖紧闭，鳃片呈粉红色或红色，无黏液和污物，无异味，鱼鳞光亮、整洁，鱼体挺而直，鱼肚充实、不膨胀，肉质坚实有弹性，指压后凹陷立即恢复；肛门凹陷。

不新鲜的鱼：鱼眼浑浊，眼球下陷，掉鳞，鳃色灰暗污秽，鱼体松软，肉骨分离，鱼刺外露，有异味，肌肉松软，弹性差或没有弹性；腹部膨胀，肛门凸出等。

2. 虾类

质量好的对虾：头、体紧密相连，外壳与虾肉紧贴成一体，用手按虾体时感到硬而有弹性，虾体两侧和腹面为白色，背面为青色（雄虾全身淡黄色），有光泽。

次品虾：头、体连接松懈，壳、肉分离，虾体软而失去弹性，体色变黄（雄虾变深黄色）并失去光泽，虾身节间出现黑箍，但仍可以食用。

质量严重不佳的虾：掉头，体软如泥，外壳脱落，体色黑紫，这类虾的营养价值下降较多，如果是在不洁环境下长时间存放的，有可能感染致病菌等微生物，不宜再食用。

3. 蟹类

在选购蟹类产品时，首先以活蟹为佳，在受到季节等影响没有活蟹供选时，以下面的标准来辨别。

质量好的海蟹：背面为青色，腹面为白色并有光泽；蟹腿、螯均挺而硬并与身体连接牢固，提起有重实感。

次品海蟹：背面呈青灰色，腹面为灰色；用手拿时感到轻飘，胸甲两侧感到壳内不实；蟹腿、螯均松且一碰即掉。

质量严重不佳的海蟹：背面发白或微黄，腹面变黑；头胸甲两侧空而无物；蟹腿、螯均易自行脱落。

海蜇皮：完整无破洞，表面湿润有光泽，咬起来有响声为好。

4. 贝类

为了减少吃贝类海鲜引发的事物中毒，最好购买新鲜的贝类海鲜，选购的时候首先要看，新鲜的贝类海鲜外壳色彩应富有光泽，肢体硬实有弹性，此外还要看清存放贝类的水质是否清澄，是否有排泄物。其次可用手碰碰它，会收缩一下就可以选出活的，会动的是新鲜的海鲜。最后用鼻子闻，如果是一般海鲜特有的鲜味，表示新鲜；反之，若有腥臭与腐烂之味则应避免购买。

（二）冷冻海鲜

海鲜不但味道鲜美，而且含有丰富的营养成分为人们所喜爱。但在选购海鲜时，就必须做到"一看、二动、三闻"。

一看：看鱼眼，眼睛呈透明无浑浊状态，表示新鲜度高。再看鱼鳃是否紧贴，鱼表面否有光泽。虾壳应与虾肉紧贴，虾身应完整、有弹力、富光泽，壳色光亮。螃蟹及贝类海鲜外壳色彩应富光泽，肢体硬实有弹性。鱿鱼、章鱼等则应皮肤光滑、爪弯曲、斑纹清晰。

二动：用手按海鲜肉质，若肉质坚实有弹性，按之不会深陷，即表示新鲜。再摸摸看肉表面有无黏液，无黏液表示新鲜度高。

第三章　鱼类菜品

第一节　清蒸梅童鱼

清蒸是保留海鲜原始味道最好的烹饪方式，也是最健康的烹饪方式。清蒸的过程中，在鱼的表面铺些姜片，不但可以去除腥味，还能使味道更加鲜美。

一、清蒸梅童鱼

（一）特点
汤汁浓白，肉质鲜嫩。
（二）制作原料
梅童鱼 3 条、姜 8 片、香葱 5 根。
（三）佐料
盐少许。

二、制作方法

（1）梅童鱼去鳞去腮洗净，香葱切成 5 厘米左右的段。

（2）把梅童鱼排在盘子里，均匀撒上适量的盐，上面铺上姜片和葱段。

（3）锅内坐水，蒸 20 分钟左右即可。

三、小贴士

可以在盘子里加一些腌制咸菜的卤水，这样蒸出来的梅童鱼别有一番风味。

第二节 西湖醋鱼

西湖醋鱼是杭州菜中的看家菜，又称"叔嫂传珍"，传说是由古时嫂嫂给小叔烧过一碗加糖加醋的鱼而来的。选用体态适中的草鱼，最好先用清水氽熟，氽时要掌握火候，装盘后淋上糖醋芡汁。成菜色泽红亮，肉质鲜嫩，酸甜可口，略带蟹味。

"西湖醋鱼"是浙江杭州传统风味名菜。此道菜选用西湖鲩鱼作原料，烹制前一般先要在鱼笼中饿养一两天，使其排泄肠内杂物，除去泥土味。烹制时火候要求非常严格，仅能用三四分钟烧得恰到好处。烧好后，再浇上一层平滑油亮的糖醋，胸鳍竖起，鱼肉嫩美，带有蟹味，鲜嫩酸甜。

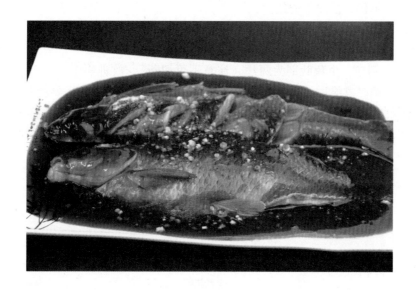

一、做法一

（一）制作原料

草鱼一条（约重 700 克）、绍兴陈酒 25 毫升、酱油 75 毫升、姜末 2.5 克、白糖 60 克、湿淀粉 50 克、米醋 50 毫升、胡椒粉适量。

（二）制作方法

（1）将草鱼饿养两天，促其排尽草料及泥土味，使鱼肉结实，宰杀去掉鳞、鳃、内脏，洗净。

（2）把鱼身劈成雌雄两片（连背脊骨一边称雄片，另一边为雌片），斩去牙齿，在雄片上，从颔下4.5厘米处开始每隔4.5厘米斜片一刀（刀深约5厘米），刀口斜向头部（共片五刀），片第三刀时，在腰鳍后处切断，使鱼分成两段。再在雌片脊部厚肉处向腹部斜剖一长刀（深4～5厘米），不要损伤鱼皮。

（3）将炒锅置旺火上，舀入清水1000克，烧沸后将雄片前后两段相继放入锅内，然后，将雌片并排放入，鱼头对齐，皮朝上（水不能淹没鱼头，胸鳍翘起）盖上锅盖。待锅水再沸时，揭开盖，撇去浮沫，转动炒锅，继续用旺火烧煮，前后共烧约3分钟，用筷子轻轻地扎鱼的雄片颔下部，如能扎入，即熟。炒锅内留下250克清水（余汤撇去），放入酱油、绍酒和姜末调味后，即将鱼捞出，装在盘中（要鱼皮朝上，两片鱼的背脊拼连，鱼尾段拼接在雄片的切断处）。

（4）把炒锅内的汤汁，加入白糖、湿淀粉和醋，用手勺推搅成浓汁，见滚沸起泡，立即起锅，徐徐浇在鱼身上，即成。

二、做法二

（一）制作原料

草鱼1条约900克，姜300克，葱2根，酒1茶匙，糖3大匙，黑醋2大匙，酱油2大匙，胡椒粉、生粉、香油各适量。

（二）制作方法

（1）将葱洗净切段分成2份。姜半份拍裂，半份切丝。

（2）将草鱼剖净，由鱼肚剖为两片（注意不可切断），放进锅中，注满清水，加葱1份、拍裂的姜、酒，煮滚后，用小火焖10分钟，捞起，盛入碟中，将姜丝遍滤鱼身。

（3）烧热油锅，放葱爆香，然后把葱去掉，将葱油倒入碗中。注2杯清水入锅中，加糖、盐、黑醋、酱油、胡椒粉料煮滚，用生粉水勾芡，再注入葱油，盛起淋在鱼上，酒上香油即可。

第三节　鱼烧豆腐

一、烹制材料

主料：塘鳢鱼750克、豆腐（南）500克。

辅料：冬笋50克、香菇（干）5克、淀粉（蚕豆）13克。

调料：甜面酱10克、酱油50克、味精2克、胡椒粉1克、小葱15克、黄酒25克、猪油（炼制）40克。

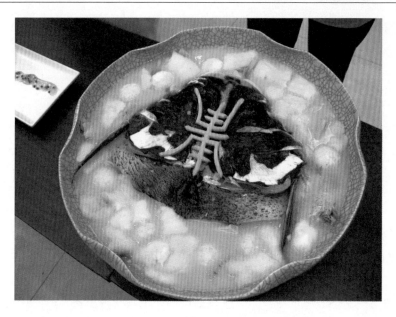

二、烹制工艺

（1）将塘鳢鱼去鳞、鳃、内脏，剖洗干净，切除鱼嘴和鳍，斩齐鱼尾，在背肉的两面各斜剞2刀。

（2）豆腐切成长1.5厘米、宽1厘米、厚0.3厘米的块，在沸水锅中焯两下，去掉豆腐腥味，沥干水。

（3）熟笋切成长4厘米、宽2厘米的薄片。

（4）大的水发香菇对切开。

（5）炒锅置旺火，下入熟猪油，烧至七成热，把鱼排齐落锅，两面稍剪，加入黄酒、酱油、甜面酱、清汤250毫升，随即把豆腐放入锅的一边，放入笋片、冬菇，盖上锅盖，用中火烧透。

（6）再放入味精，旋转几下炒锅，用调稀的湿淀粉勾芡，加葱段，淋上熟猪油15克起锅。

（7）盛盘时将一少半的豆腐垫底，鱼平放在豆腐上，然后将余下的豆腐盖在鱼上，撒上胡椒粉，即成。

三、小贴士

（1）选用春节前后的河塘鱼。

（2）鱼入锅前，用黄酒、盐擦鱼身最好。

第四章　贝类菜品

第一节　蒜蓉蒸扇贝

蒜蓉蒸扇贝是粤式酒楼常见的一道海鲜，做法简单，味道鲜美，蒜香浓郁，是居家生活的常备菜。

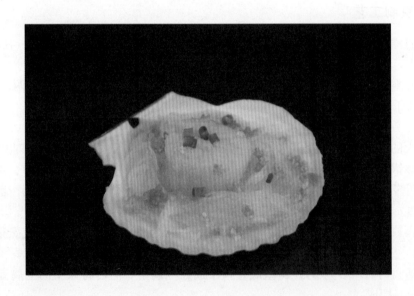

一、原料准备

主料：扇贝 3 只。

辅料：蚝油 10 毫升、蒜泥 30 克、红椒半只、香葱 3 根、胡椒粉少许、料酒 20 克、盐 3 克。

二、操作方法

（1）扇贝切开取肉，找把刷子把贝壳里里外外刷干净（这个是要用来当容器的）。

（2）扇贝用盐搓洗干净，再放入少量的盐腌渍入味。

（3）放入黄酒，把扇贝泡上以去腥气，也可以放两片姜。

（4）把蒜切成细末，红椒切成小丁，葱切成细花。

（5）把三末倒入油锅中煸炒一下，这就是蒜香浓但不辣的秘诀哦。

（6）加一点胡椒粉一起煸一下，更鲜更美味哩。

（7）把泡发的龙口粉丝卷成小卷放在贝壳里。

（8）放上扇贝肉和黄。

（9）每只上面倒入两滴蚝油。

（10）把煸好的三末分别放入扇贝上。

（11）上锅蒸5分钟，时间不要太长，扇贝很容易熟的。

三、小贴士

（1）尽量买干净的扇贝，壳脏的贝生长的环境水污染比较严重，里面的肉也会受到污染。

（2）一定要买鲜活的扇贝，张口的不要买，即使看到黄多也不要入手。

（3）扇贝要事先用盐和黄酒泡过，20分钟左右即可。

（4）烧热油前，也可以放一点蒸油豉油（没有用生抽），但是量不要多。

（5）浇完热油那个鲜葱可以不食，咱是吃葱不见葱。

第二节　泥螺梅干菜

泥螺梅干菜是绍兴地区的一道特色菜，由泥螺、梅干菜等食材制作而成。

一、原料准备

主料：泥螺500克、梅干菜适量。

辅料：油适量、盐适量。

二、操作方法

（1）油锅炒泥螺。

（2）放入梅干菜（如果是老的最好是浸泡一下，更好吃）。

（3）放适量的清水。

（4）等水收得差不错了，放适量的盐。

（5）放适量的味精，翻炒几下，就可以起锅装盘了。

三、烹饪技巧

（1）泥螺买来最好在淡盐水中养一下，吐净泥沙。

（2）盐的多少根据梅干菜的咸淡来确定。

（3）买泥螺的时候，最好是挑个头大的，这样烧好以后才肉多、味美。

第三节　海鲜炒年糕

一、健康功效

蛤蜊：软坚、化痰、利水。

冬笋：消痰、清热、富含胡萝卜素。

胡萝卜：养肝明目、健脾、化痰止咳。

二、操作方法

（1）年糕切片，冬笋、胡萝卜和莴笋全部洗净，去皮切成片。

（2）蛤蜊提前用淡盐水浸泡以吐出沙泥，锅中放水和姜片烧开后，倒入蛤蜊，煮1

分钟左右，看到蛤蜊张开，立刻捞出。把蛤蜊肉取出备用。

（3）锅中放少量油烧热后，下胡萝卜和冬笋片煸炒至软。再加入莴笋片翻炒片刻，出锅备用。

（4）锅中再加少量油，把年糕片倒入翻炒至软（如果这时候感觉干，可加少许水）。

（5）倒入步骤（3）的蔬菜，翻炒匀。

（6）加盐和鸡精调好味，倒入蛤蜊肉翻炒几下即可出锅。

三、小贴士

（1）年糕片不要切得太薄，否则一炒就软掉，很容易粘锅。

（2）蛤蜊焯水时间不能长，看到在锅中张口了要立即捞出，否则蛤蜊肉就老了，会缩得很小。

第五章　虾类菜品

第一节　宫保虾球

　　说到"宫保虾球"，你一定会问："宫保"是什么意思？这道司空见惯的家常菜肴我们常吃，但却不了解它的历史典故。提及这道菜，不能不提它的发明者——丁宝桢。据《清史稿》记载：丁宝桢，字稚璜，贵州平远人，咸丰三年进士，光绪二年任四川总督。据传，丁宝桢对烹饪颇有研究，他在四川总督任上的时候创制了一道将鸡丁、红辣椒、花生米下锅爆炒而成的美味佳肴。这道美味本来只是丁家的"私房菜"，但后来越传越广，尽人皆知。所谓"宫保"，其实是丁宝桢的荣誉官衔。据《中国历代职官词典》上的解释，明清两代各级官员都有"虚衔"。最高级的虚衔有"太师、少师、太傅、少傅、太保、少保、太子太师、太子少师、太子太傅、太子少傅、太子太保、太子少保"。上面这几个都是封给朝中重臣的虚衔，没有实际的权力，有的还是死后追赠的，通称为"宫衔"。在咸丰以后，这几个虚衔不再用"某某师"而多用"某某保"，所以这些最高级的虚衔又有了一个别称——"宫保"。丁宝桢治蜀十年，为官刚正不阿，多有建树，于光绪十一年死在任上。清廷为了表彰他的功绩，追赠"太子太保"。如上文所说，"太子太保"

是"宫保"之一，于是他发明的菜由此得名"宫保鸡丁"，也算是对这位丁大人的纪念了。时过境迁，这道菜肴被不断创新，"宫保虾球"也应运而生。

一、所需食材

主料：鲜虾180克、花生米80克、植物油50克。

调料：红油2.5克、盐2克、酱油7毫升、醋5毫升、味精0.5克、干淀粉10克、胡椒粉0.5克、豆瓣酱适量、干红辣椒5克、白糖8克、料酒10毫升、蛋清5克、葱节10克、姜片8克、蒜片6克、高汤50克。

二、制作方法

（1）虾去壳，背部剖开去掉虾线，洗净。

（2）取小碗，放入虾仁、盐、料酒、少许蛋清、淀粉抓匀。

（3）姜蒜切片，葱白切小段；干红辣椒去籽剪开。

（4）锅置火上适量油烧热，放入虾仁炸至变色，捞出控油。

（5）取一小碗，放入高汤、料酒、盐、醋、白糖、淀粉，兑成味汁。

（6）锅留底油烧至五成热，放入豆瓣酱、干红辣椒炒香。加葱白、虾仁炒熟，烹入味汁翻炒至汤汁渐稠。

（7）关火放入花生米拌匀即可。

三、变废为宝

（1）虾壳不要丢，洗净沥干水分，放油锅内炸一下，油变红把油沥出即是虾油，可以拌面吃。

（2）炸好的虾壳也不要丢，继续在锅内煸至焦脆，撒上少许椒盐即是一道不错的下酒小菜。

美食的根源各有不同，得到的快乐却永无止境。寻古问今，探寻家常菜里不寻常的味道。宫保虾球，一定不会让你失望！

第二节 苦瓜酿虾仁

一、推荐排毒养颜蔬菜——苦瓜

下面说说苦瓜的几大好处，不爱吃苦瓜的你是否也会改改了。

（1）苦瓜，除了苦这点不招人待见外，一根苦瓜里含有贵如黄金的减肥特效成分——高能清脂素，主要含有苦瓜甙、类蛋白活性物质、类胰岛素活性物质及多种氨基酸。

（2）具有清凉解渴、除邪热、治丹火毒气、泻六经实火、益气止渴、解劳乏、清心明目、增强食欲、养血滋肝、润脾补肾之功效。

（3）具有明显的降血糖作用，对糖尿病有一定疗效。它还有一定的抗病毒能力和防癌的功效。

（4）对心、肺、胃具有促进新陈代谢等功效。

不过话说回来，再好也确实苦，那我给您推荐一吃法，周末有功夫试试，虽说不能去了苦，但吃起来口感确实不赖，尤其是录制"生活魔法师"的时候被各位美女帅哥哄抢了，可想而知味道还是不赖的！

原料：苦瓜、鲜虾。

调料：香油、姜汁、鸡精、盐、枸杞。

做法：

（1）凉瓜洗净切段，将中间的籽挖去。

（2）鲜虾洗净去皮挑去虾线剁碎，加入盐、胡椒粉、料酒、蛋清、姜汁、香油搅拌均匀。

（3）凉瓜圈内蘸少许干淀粉，将虾肉抹在里面，镶上一颗泡好的枸杞。

（4）放入乐葵料理盒内密封好，放入微波炉中火打2分钟，稍后转小火打1分钟即可。

（5）从料理盒内夹出保持完整即可。

二、温馨提示

如果希望能吃带汁的可以在锅内坐油，用鸡精、盐、调汁，水淀粉勾成薄芡，吃的时候淋在上面即可。当然直接吃也很够味，苦瓜还是脆的，虾肉鲜。

第三节　椒盐虾

椒盐虾是一道色、香、味俱全的汉族名肴，属于粤菜系，主料是海虾。此品选鲜活中虾，不必去壳。经油泡后，再用椒、盐炒；椒、盐等味料附外而不入肉内，食品外焦香咸辣，肉软嫩鲜美。

一、制作食材

主料：海虾（500 克）。

辅料：香菜（25 克）。

调料：盐（15 克）、辣椒（红、尖、干）（25 克）、花生油（50 克）、五香粉（2 克）（五香粉换成黑胡椒粉、白胡椒粉也行，按身边现有材料定）。

二、制作方法

（1）鲜活中虾用水洗净，先剪虾须、虾枪，剔出虾线。

（2）炒锅用中火烧热，放入盐 15 克，炒至烫手而有响声时，端离火口，倒入五香粉2 克，拌匀即成淮盐。

（3）辣椒切成米粒状。

（4）炒锅用旺火烧热，放入花生油，烧至五成热，下海虾泡油至八成熟，连油一起倒入笊篱沥去油。

（5）炒锅回火上，放入已泡油的中虾略煎片刻，加淮盐和辣椒粒，炒至熟，装盘，堆成山形。

（6）四周伴以香菜即成。

第六章　蟹类菜品

第一节　蟹粉瑶柱狮子头

蟹粉瑶柱狮子头的主要原料是蟹肉和用猪肉斩成细末做成的肉丸（镇江人俗称"斩肉"）。斩肉的做法很多，有清炖的、有水汆的、有先油煎后红烧的、有先油炸后与其他食物烩制的、有用糯米滚蒸的。所谓狮子头则是菜肴造型——大而圆，夸张比方为狮子头。

"蟹粉瑶柱狮子头"是久负盛名的镇江、扬州地区传统名菜。据传，此菜始于隋朝。当年，隋炀帝杨广来到扬州，饱览了扬州的万松鱼、金钱墩、葵花岗等名景之后，心里非常高兴，回到住处，仍然余兴未消。随即唤来御厨，让他们以扬州名景为题，做出几道菜来。御厨们费尽心思，终于做出了"松鼠桂鱼"、"金钱虾饼"和"葵花斩肉"这三道菜。杨广品尝后，十分高兴，于是赐宴群臣。一时间淮扬佳肴，倾倒朝野。到了唐代，一天，郇国公韦陟宴客，府中的名厨也做了扬州的这几道名菜。当"葵花斩肉"这道菜端上来时，只见那用巨大的肉圆子做成的葵花心精美绝伦，有如雄狮之头。宾客们乘机劝酒道：郇国公半生戎马，战功彪炳，应佩狮子帅印。韦陟高兴地举杯一饮而尽，说："为纪念今日盛会，葵花斩肉不如改为'狮子头'。"从此扬州狮子头就流传镇江、扬州地区，成为淮扬名菜。

狮子头有多种烹调方法，既可红烧，亦可清蒸。因清炖嫩而肥鲜，比红烧出名。如"蟹粉瑶柱狮子头"，成菜后蟹粉鲜香，入口即化，深受人们欢迎。

一、制作方法

（1）将螃蟹蒸熟后，把蟹肉剥出备用，青菜洗净备用。
（2）将葱姜切丝，泡水，挤抓成葱姜水。
（3）猪肉末中分次加入葱姜水，顺一个方向搅拌，使肉吸足水分。
（4）加入调味料中的材料，顺一个方向搅拌，直至肉上劲黏稠。
（5）将剥好的蟹肉倒入，拌匀。
（6）锅中平铺上一层青菜叶。
（7）肉馅弄成一个个圆球，放在青菜上。
（8）沿锅边倒下清水，没过肉圆。
（9）烧开后，改小火炖2小时以上。

二、食谱营养

猪肋条肉（五花肉）：猪肉含有丰富的优质蛋白质和必需的脂肪酸，并提供血红素（有机铁）和促进铁吸收的半胱氨酸，能改善缺铁性贫血；具有补肾养血，滋阴润燥的功效；但由于猪肉中胆固醇含量偏高，故肥胖人群及血脂较高者不宜多食。

蟹肉：蟹肉含有丰富的蛋白质及微量元素，对身体有很好的滋补作用。螃蟹有清热解毒、补骨添髓、养筋活血、利肢节、滋肝阴、充胃液之功效，对于淤血、黄疸、腰腿酸痛和风湿性关节炎等有一定的食疗效果。螃蟹具有抗结核作用，对结核病的康复大有补益。

虾籽：虾籽具有味道鲜美、营养丰富的特点，含高蛋白，助阳功效甚佳，肾虚者可常食。

生菜：生菜中膳食纤维和维生素 C 较白菜多，有消除多余脂肪的作用，故又叫减肥生菜。因其茎叶中含有莴苣素，故味微苦，具有镇痛催眠、降低胆固醇、辅助治疗神经衰弱等功效。生菜中含有甘露，有利尿和促进血液循环的作用。生菜中还含有一种"干扰素诱生剂"，可刺激人体正常细胞产生干扰素，从而产生一种"抗病毒蛋白"抑制病毒。

三、小贴士

（1）有砂锅的话，就用砂锅来炖。
（2）蟹肉用剪刀和牙签就能轻松剔出。
（3）水要一次加足，中途如果要补水的话一定要补开水。
（4）如果有时间的话，还是自己剁肉馅，绞肉馅怎么也不可能有自己剁出来的好吃。
（5）炖的时间越长，才会更好吃。

第二节　清蒸大闸蟹

大闸蟹是河蟹的一种，河蟹学名中华绒螯蟹。在我国北起辽河南至珠江，漫长的海岸线上广泛分布，其中以长江水系产量最大，口感最鲜美。

一、清蒸大闸蟹

现引种到各大湖区都有培育养殖，过去大闸蟹在长江口近海产苗，长成幼蟹后，逆长江洄游，生长在长江下游一带的湖河港汊中。大闸蟹名称来源于吴方言，以阳澄湖的清水大闸蟹最为著名，主要产于苏州市的昆山、常熟和相城区。清蒸大闸蟹：挑选个大、肢体全、活力强的阳澄湖大闸蟹，放在清水里洗净，用绳或草把大闸蟹的两个夹子和八条腿扎紧成团状，入锅隔水蒸熟。也可以放在水里煮熟。下锅时可放一些生姜、紫苏、黄酒、食盐与之同煮，可以避寒去腥。食用时配上自己精心调制的酱汁和黄酒，既能调味去腥，又能完全吊出大闸蟹的美味。

工艺：清蒸。

口味：本味咸鲜。

食用：中餐、晚餐。

主料：螃蟹 3000 克。

调料：子姜 75 克、酱油 100 克、醋 50 克、香油 15 克。

二、烹饪方法

（一）清蒸大闸蟹制作工艺

（1）取 200 克香菜择洗干净，切段，放入小盘中。

（2）鲜姜洗净，切末，放入碗中。

（3）将活螃蟹放入凉水中，放养十几分钟，洗净螃蟹身上的沙粒。

（4）用小线绳（马莲草）将螃蟹捆扎好，放入蒸锅内，大约蒸 10 分钟。

（5）在姜末碗中放少许香油、酱油、镇江醋。

（6）将蒸好的螃蟹解开小线绳（马莲草），摆入盘中。

（7）同姜末、醋碗一同上桌，香菜随后上桌。

（8）食用时用香菜搓手解除腥味。

（二）制作提示

（1）河蟹、湖蟹一定要活吃，死蟹不能食用，会引起严重的食物中毒。

（2）蒸蟹的水中加姜片、葱结和黄酒是为了去蟹的腥味，另外，蟹一定要配姜醋食用，不仅能去腥还能突出蟹肉的鲜美，而且姜的热性能驱除蟹的寒气。

（3）螃蟹性寒，不宜多吃，以免引起腹痛、腹泻。

（4）蟹不宜与茶水、啤酒和柿子同食，但温热的黄酒是吃蟹的绝配。

（三）买螃蟹如何分公母

看蟹的脐部，母蟹的脐是圆形，公蟹是三角形，母蟹黄多，蟹黄十分鲜美，公蟹多蟹膏，蟹肉也相对丰满。

第三节　蟹黄敲虾盅

蟹黄敲虾盅是巢湖之滨厨师用"虾兵蟹将"（白米虾、大闸蟹）创制的佳肴，流传至今，成为巢湖名馔。菜品系洁白晶莹的盅形虾肉上托着黑色蟹腿和桔色蟹黄。色美、质嫩、蟹黄香浓膏肥，味乃鲜中之珍。以姜末、醋佐食味更鲜。

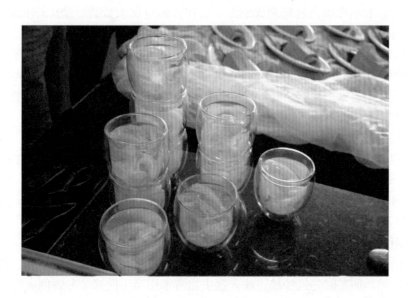

一、营养价值

（一）虾仁

（1）虾营养丰富，含蛋白质是鱼、蛋、奶的几倍到几十倍；还含有丰富的钾、碘、镁、磷等矿物质及维生素 A、氨茶碱等成分，且其肉质松软，易消化，对身体虚弱以及病后需要调养的人是极好的食物。

（2）虾中含有丰富的镁，镁对心脏活动具有重要的调节作用，能很好地保护心血管系统，它可减少血液中胆固醇含量，防止动脉硬化，同时还能扩张冠状动脉，有利于预防高血压及心肌梗死。

（3）虾的通乳作用较强，并且富含磷、钙，对小儿、孕妇尤有补益功效。

（4）虾仁体内很重要的一种物质就是虾青素，就是表面红颜色的成分，虾青素是目前发现的最强的一种抗氧化剂，颜色越深说明虾青素含量越高。广泛用于化妆品、食品添加以及药品。日本大阪大学的科学家最近发现，虾体内的虾青素有助于消除因时差反应而产生的"时差症"。

（二）蟹肉

蟹肉性寒，味咸。有清热解毒、补骨添髓、养筋活血，利肢节，滋肝阴，充胃液之功效。对于淤血、黄疸、腰腿酸痛和风湿性关节炎等有一定的食疗效果。

二、做法

（一）步骤

（1）虾仁洗净，选 10 个大的另用。

（2）将蟹黄分成 20 等份。

（3）每只蟹腿肉一切两段。

（4）菠菜择洗干净，切成与蟹腿肉同样大的 20 片。

（5）将虾仁和猪肥膘肉轻轻剁成细泥，放在大碗里加入黄酒、盐少许和水 50 毫升搅匀，再加入鸡蛋清 25 克半搅打上劲，最后加干淀粉搅匀。

（6）将 10 个大虾仁放在小碗里，加鸡蛋清 15 克、盐少许、干淀粉适量浆拌好。

（7）取酒杯 10 只，每个杯内薄薄地抹一层猪油，先放进一段蟹腿肉，蟹腿肉两边一边放份蟹黄，另一边放一片菠菜叶，然后盖上一份虾泥，抹平杯口放在大盘里，全部做完后上笼用旺火蒸 5 分钟，取下制成虾盅。

（8）大虾仁随同虾盅一起上笼蒸好。

（9）将酒杯里的虾盅一个个覆扣在大盘里摆好，再把 10 个大虾仁均匀地摆在盘边做陪衬。

（10）将锅置中火上，放入鸡汤 20 毫升，加盐少许烧开后，撇去浮沫，用湿淀粉调稀勾薄芡，淋上熟鸡油，起锅倒在虾盅上即成。

（11）与姜末、香醋一起上桌食用。

（二）制作提示

此菜须选用安徽巢湖特产的白米虾，其虾味美、鲜嫩、色白，熟后不红，特别适用于制成菜色白的泥。加工时先挑沙线，放入盆中加清水用筷子搅拌半分钟倒去浑水，换清水再搅拌半分钟洗净，捞出沥干水待用。

第七章　藻类菜品

第一节　海藻炒肉丝

主料：海带丝。

辅料：猪里脊丝、红柿子椒、洋葱、鸡蛋。

调料：盐、鸡精、料酒、淀粉、姜丝。

烹制方法：

（1）将柿子椒、洋葱分别切成丝，里脊丝中放入料酒、盐、鸡精搅拌均匀，再放入蛋清、干淀粉拌匀使淀粉将肉丝裹匀，放入开水中快速焯熟捞出。

（2）坐锅点火倒入油，待油热后放入姜丝炒香，放入柿子椒、洋葱、海带大火翻炒，加入盐、鸡精、料酒调味，放入肉丝翻炒均匀出锅即可。

特点：肉嫩藻脆，富于营养。

第二节　凉拌海带丝

凉拌海带丝是以海带为主要食材的凉拌家常菜，口味咸鲜微辣，菜品含碘丰富，可增强机体免疫力。治疗甲状腺低下，利尿消肿，防治富贵病，减少放射性疾病，御寒，抗癌防癌。

一、食材

海带是一种海洋蔬菜，含碘、藻胶酸和甘露醇等，可防治甲状腺肿大、克汀病、软骨病、佝偻病。现代药理学研究表明，吃海带可增加单核巨噬细胞活性，增强机体免疫力和抗辐射。

二、做法

（一）做法一

1. 原料

水发海带300克，五香豆腐干150克，水发海米50克，盐、味精、酱油、香油、白糖、姜末各适量。

2. 步骤

（1）将海带洗净，上锅蒸熟，取出浸泡后切丝，装盘待用。

（2）将豆腐干洗净切成细丝，下开水锅煮沸，取出浸凉后沥干水分，放在海带丝上；海米撒在豆腐干上面。

（3）碗内放入酱油、盐、味精、姜末、香油、白糖，调拌成汁，浇在海带盘内，拌匀即可食用。

（二）做法二

1. 原料

海带、葱、蒜、辣椒、酱油、醋、盐、糖。

2. 步骤

（1）将海带切成细丝，用水焯熟。

（2）加上葱碎、蒜碎、辣椒碎用热油小炝一下。

（3）放了美极酱油、凉拌醋、盐、糖，搅拌一下。

（三）做法三

1. 原料

海带、蒜泥、葱末、盐、糖、酱油、陈醋、香油、味精、芝麻。

2. 步骤

（1）干海带在高压锅中蒸4分钟。

（2）洗干净后水发，勤换水。

（3）取泡发好的柔软的海带切丝，在开水中焯一下，沥干水分。

（4）加蒜泥、葱末、盐、糖、酱油、陈醋、香油、味精、芝麻拌匀。

（5）另起油锅，下入切好的红椒，油热后迅速离火，把热油和辣椒浇入拌好的海带上。

三、营养价值

（1）海带富含碘、钙、磷、硒等多种人体必需的微量元素，其中钙含量是牛奶的10倍，含磷量比所有的蔬菜都高。能防止血栓和因血液黏稠度增高而引起的血压升高，同时又有降低脂蛋白、胆固醇，抑制动脉粥样硬化以及防癌抗癌作用。

（2）海带中含有丰富的纤维素，在人体肠道中好比是"清道夫"，能够及时地清除肠道内废物和毒素，因此，可以有效地防止直肠癌和便秘的发生。

（3）可增强机体免疫力。治疗甲状腺低下，利尿消肿，防治富贵病，减少放射性疾病，御寒，抗癌防癌。

四、食用指南

营养成分：

热量：36大卡、钾：738毫克、碘：341.7微克、钙：138毫克、镁：75毫克、磷：66毫克、硒：28.62微克。

适宜人群：脾胃虚弱者忌食。

第八章　其他海鲜菜品

第一节　海参炆花胶

海参炆花胶是浙江省传统的汉族名菜，属于浙菜系。

一、材料

主料：水发海参 150 克，水发花胶 100 克。

配料：净生菜叶 100 克，水发香菇 4 片，葱、姜。

调料：蚝油、老抽、鱼露、料酒、淀粉、高汤、香油、花生油。

二、制作方法

（1）水发海参切 3 厘米长的段，水发花胶切成 4 厘米×4 厘米的块。用开水将海参及花胶烫一下捞出，用高汤煨好，葱、姜拍破待用。

（2）炒锅置于火上，加入少许油，加调味，将生菜煸熟盛入盘内。炒锅重新上火，放少许底油，下入葱、姜煸出香味依次加入高汤、料酒、蚝油、鱼露、味精，开锅后，将葱、姜拿掉不要，随后下入煨好的海参、花胶及香菇片，烧片刻，下入水淀粉勾芡，淋少许香油，盛在放有生菜的盘中即成。

三、营养价值

（1）延续衰老，消除疲劳，提高免疫力，增强抵抗疾病的能力。海参富含蛋白质、矿物质、维生素等 50 多种天然珍贵活性物质，其中酸性黏多糖和软骨素可明显降低心脏组织中脂褐素和皮肤脯氨酸的数量，起到延缓衰老的作用。海参体内所含的 18 种氨基酸能够增强组织的代谢功能，增强机体细胞活力，适宜于生长发育中的青少年。海参能调节人体水分平衡，适宜于孕期腿脚浮肿的女士。海参能消除疲劳，提高人体免疫力，增强人体抵抗疾病的能力，因此非常适合经常处于疲劳状态的中年女士与男士，易感冒、体质虚弱的老年人和儿童等亚健康人群。

（2）海洋伟哥，补血调经。海参体内的精氨酸含量很高，号称精氨酸大富翁。精氨酸是构成男性精细胞的主要成分，具有改善脑、性腺神经功能传导作用，减缓性腺衰老，提高勃起能力。一天一个海参，足可起到固本培元、补肾益精的效果。胶东刺参含有丰富的铁及海参胶原蛋白，具有显著的生血、养血、补血作用，特别适用于妊娠期妇女、手术后的病人，绝经期的妇女。

（3）治伤抗炎、护肝保血管。海参不仅是美味佳肴，而且是良好的滋补药品。海参中的牛磺酸、赖氨酸等在植物性食品中几乎没有。海参特有的活性物质海参素，对多种真菌有显著的抑制作用，刺参素 A 和 B 可用于治疗真菌和白癣菌感染，具有显著的抗炎、成骨作用，尤其对肝炎患者、结核病、糖尿病、心血管病有显著的治疗作用。

（4）益智健脑、助产催乳。刺参中含有两种 ω－多不饱和脂肪酸（EPA 和 DHA）。其中 DHA 对胎儿大脑细胞发育起至关重要的作用。人体大脑发育始于妊娠的第三个月，胎儿通过胎盘从母体中获取 DHA 和 EPA。如果母体缺乏 DHA，会造成胎儿脑细胞的磷脂质不足，影响胎儿神经系统的正常发育。DHA 对增强记忆力及智商有显著的裨益，而且还可使孕产妇的乳房丰满，乳汁充盈。日本及山东半岛的孕妇自古以来就有一天补一个海参的饮食习俗。我国古代民间就有海参养血润燥、调经养胎、助产催乳、修补组织之说。

（5）消除肿瘤、抗癌护心脏。在海参的体壁、内脏和腺体等组织中含有大量的海参毒素，又叫海参皂甙。海参毒素是一种抗毒剂，对人体安全无毒，但能抑制肿瘤细胞的生长与转移，有效防癌、抗癌，临床上已广泛应用于肝癌、肺癌、胃癌、鼻咽癌、骨癌、淋巴癌、卵巢癌、子宫癌、乳腺癌、脑癌白血病及手术后患者的治疗。

四、适用人群

（1）适宜虚劳羸弱，气血不足，营养不良，病后产后体虚之人食用；适宜肾阳不足，阳痿遗精，小便频数之人食用；适宜高血压病，高脂血症，冠心病，动脉硬化之人食用；适宜癌症病人放疗、化疗、手术后食用；适宜肝炎，肾炎，糖尿病患者及肝硬化腹水和神经衰弱者食用；适宜血友病患者及易于出血之人食用；适宜年老体弱者食用。

（2）患急性肠炎、菌痢、感冒、咳痰、气喘及大便溏薄、出血兼有瘀滞及湿邪阻滞的患者忌食。

五、用法与用量

（1）涨发好的海参应反复冲洗以除残留化学成分。

（2）海参发好后适合于红烧，葱烧、烩等烹调方法。

（3）保管时注意：发好的海参不能久存，最好不超过 3 天，存放期间用凉水浸泡上，每天换水 2~3 次，不要沾油，或放入不结冰的冰箱中；如是干货保存，最好放在密封的木箱中，以防潮。

六、所属菜系

浙江菜，简称浙菜，是中国八大菜系之一，其地山清水秀，物产丰富佳肴美，故谚曰："上有天堂，下有苏杭。"浙江省位于我国东海之滨，北部水道成网，素有江南鱼米之乡之称。西南丘陵起伏，盛产山珍野味。东部沿海渔场密布，水产资源丰富，有经济鱼类和贝壳水产品 500 余种，总产值居全国之首，物产丰富，佳肴自美，特色独具，有口皆碑。

浙菜体系，由杭州、宁波、绍兴和温州为代表的四个地方流派所组成。

杭州菜历史悠久，自南宋迁都临安（今杭州）后，商市繁荣，各地食店相继进入临安，菜馆、食店众多，而且效仿京师。据南宋《梦粱录》记载，当时"杭城食店，多是效学京师人，开张亦御厨体式，贵官家品件"。经营名菜有"百味羹"、"五味焙鸡"、"米脯风鳗"、"酒蒸鲗鱼"等近百种。明清年间，杭州又成为全国著名的风景区，游览杭州的帝王将相和文人骚客日益增多，饮食业更为发展，名菜名点大批涌现，杭州成为既有美丽的西湖，又有脍炙人口的名菜名点的著名城市。杭州菜制作精细，品种多样，清鲜爽脆，淡雅典丽，是浙菜的主流。名菜如"西湖醋鱼"、"东坡肉"、"龙井虾仁"、"油焖春笋"、"排南"、"西湖药菜汤"等，集中反映了"杭菜"的风味特点。

宁波菜鲜咸合一，以蒸、烤、炖为主，以烹制海鲜见长，讲究鲜嫩软滑，注重保持原汁原味，主要代表菜有"雪菜大汤黄鱼"、"奉化摇蚶"、"宁式鳝丝"、"苔菜拖黄鱼"等。

绍兴菜，擅长烹制河鲜家禽，入口香酥绵糯，汤浓味重，富有乡村风味。代表名菜有"绍虾球"、"干菜焖肉"、"清汤越鸡"、"白鲞扣鸡"等。

温州古称"瓯"，地处浙南沿海，当地的语言、风俗和饮食方面，都自成一体，别具一格，素以"东瓯名镇"著称。瓯菜则以海鲜入馔为主，口味清鲜，淡而不薄，烹调讲究"二轻一重"，即轻油、轻芡、重刀工。代表名菜有"三丝敲鱼"、"双味蝤蛑"、"桔络鱼脑"、"蒜子鱼皮"、"爆墨鱼花"等。

浙菜基于以上四大流派，就整体而言，有以下四个比较明显的特色风格：

一为选料刻求"细、特、鲜、嫩"。细，取用物料的精华部分，使菜品达到高雅上乘。特，选用特产，使菜品具有明显的地方特色。鲜，料讲鲜活，使菜品保持味道纯正。嫩，时鲜为尚，使菜品食之清鲜爽脆。

二为烹调擅长炒、炸、烩、熘、蒸、烧。海鲜河鲜烹制方法独到，与北方烹法有显著不同，浙江烹鱼，大都过水，约有2/3是用水作传热体烹制的，突出鱼的鲜嫩，保持本味。如著名的"西湖醋鱼"，系活鱼现杀，经沸水氽熟，软熘而成，不加任何油腥，滑嫩鲜美，众口交赞。

三为注重清鲜脆嫩，保持主料的本色和真味，多以四季鲜笋、火腿、冬菇和绿叶的菜为辅佐，同时十分讲究以绍酒、葱、姜、醋、糖调味，借以去腥、戒腻、吊鲜、起香。

四为形态精巧细腻，清秀雅丽。此风格可溯至南宋，《梦粱录》曰："杭城风俗，凡百货卖饮食之人，多是装饰车盖担儿；盘食器皿，清洁精巧，以炫耀人耳目。"许多菜肴，以风景名胜命名，造型优美。

第二节　烧甲鱼

烧甲鱼是一道汉族传统名菜，在诸多菜系中均有出现。特点是肉滑嫩不腻，汤汁新鲜，香醇，为上乘滋补佳肴。

一、菜品特色

肉滑嫩不腻，汤汁新鲜，香醇，为上乘滋补佳肴。

二、做法

（一）原料

主料：活甲鱼 750 克、鸡肉 50 克。

辅料：葱 15 克、姜 10 克、蒜末 5 克、清汤 100 克、酱油 10 克、精盐 5 克、葱椒 10 克、绍酒 15 克。

（二）制作过程

将甲鱼去头，宰杀放净血后，放入锅内，加清水烧沸捞出，刮去黑皮，撕下硬盖。取出内脏（留苦胆），去爪，改剁成 2 厘米见方的块。鸡肉也切成 2 厘米见方的块，放入沸水中一汆。炒锅内放熟猪油，中火烧至七成热（约 154℃），加葱、姜、蒜末，炸出香味，放入甲鱼、鸡肉、酱油，煸炒 2 分钟，随即加入清汤，用小火炖至酥烂，然后用小火烧沸打去浮沫，放上精盐、葱椒、绍酒即成。

（三）烹调方法

1. 主料

活甲鱼一只（1000 克）。

2. 配料

鸡腿 2 个、火腿 25 克、菜心 2 棵、香菇 15 克、冬笋 5 克。

3. 调料

葱 15 克、姜 10 克、精盐、胡椒粉、绍酒适量、精炼油 25 克。

三、制作方法

（一）切配准备

（1）将甲鱼腹朝上放菜墩上，待头伸出后，用刀压紧，将颈拉出，用手握紧颈部竖起，从肩部中间下刀，斩断颈骨和肩骨，把甲鱼从中剖开，取出内脏洗净血污，然后用沸水烫一下（视甲鱼的老嫩定时间），擦去外皮洗净后斩去脚爪，然后剁成 4 厘米大块（甲鱼盖不剁），连同鸡腿一起用开水汆透，捞出洗净。

（2）火腿、冬笋均切 5 厘米长、2.5 厘米宽的片，香菇洗净去蒂，菜心根部削尖，葱切段。

（二）烹调程序

（1）净锅添油烧热，投入 1/2 葱、姜，放入甲鱼块，随即烹入绍酒，略煸后倒出洗净，菜心、冬笋焯后待用。

（2）将甲鱼按其形摆入汤盆，然后再放入鸡腿、香菇、葱姜及清水，加精盐，封口上笼炖至熟烂，取出，去掉葱、姜、鸡腿，取出香菇和火腿待用；将原汁滗入锅中，定好味，浇甲鱼内，用火腿、冬笋、香菇、菜心作点缀。

（三）具体做法

（1）甲鱼经宰杀处理洗净，甲鱼肉剁成 3 厘米见方的块，再用清水漂净血后，捞出沥水，甲鱼蛋留用。

（2）然后以精盐少许，湿淀粉拌匀上浆。

（3）熟火腿切片。

（4）葱姜洗净，葱 10 克切葱花，50 克打成结，姜切片。

（5）香菇去蒂，洗净，入沸水焯熟。

（6）炒锅置旺火上，放入熟猪油，待油烧至七八成热，放入浆好的甲鱼，炸至两面硬结时捞出。

（7）将蒜瓣、生姜片放入汤碗中，再将炸过的甲鱼装入，加鸡清汤 500 毫升、精盐、醋、黄酒，周围摆好火腿、香菇、并分别码上裙边、甲鱼蛋、脚爪。

（8）将葱结盖在上面，上笼屉蒸烂取出，加味精，撒上胡椒粉即成。

四、其他做法（烧甲鱼）

主料：甲鱼 500 克。

调料：食盐 3 克、葱 10 克、姜 20 克、料酒 10 毫升、枸杞 2 克。

（1）以水池的边沿抵住甲鱼头，用剪刀在甲鱼的腹部剪出十字刀口，去除内脏，用流水冲洗干净。

（2）将甲鱼置入深盆中，倒入开水稍烫片刻。

（3）去除甲鱼身上的一层砂皮。

（4）用小刀将甲鱼的外壳剥离。

（5）用剪子剪掉甲鱼身体上的黄油。

（6）将收拾好的甲鱼剁成块。

（7）锅内倒入凉水，加入料酒，放进甲鱼块，水开后去除血末，捞出后再用温水清洗干净。

（8）将锅清洗干净，倒入开水，放入焯烫好的甲鱼块，加入盐、葱段和姜片，中小火炖 3 个小时，起锅前撒入泡好的枸杞即可。

五、营养价值

（一）甲鱼

（1）甲鱼肉及其提取物能有效地预防和抑制肝癌、胃癌、急性淋巴性白血病，并用于防治因放疗、化疗引起的虚弱、贫血、白细胞减少等症。

（2）甲鱼亦有较好的净血作用，常食者可降低血胆固醇，因而对高血压、冠心病患者有益。

（3）甲鱼还能"补劳伤，壮阳气，大补阴之不足"。

（4）食甲鱼对肺结核、贫血、体质虚弱等多种病患亦有一定的辅助疗效。

（二）鸡肉

鸡肉含水分、蛋白质、脂肪、钙、磷、铁、维生素 B_1、维生素 B_2、尼克酸，尚有维生素 A、维生素 C、维生素 E、氧化铁、氧化镁、氧化钙、钾、钠、氯、硫、全磷酸、胆固醇等，并含 3 - 甲基组氨酸。

六、关键工序

（1）宰杀甲鱼时，一定要将颈抓紧，防止甲鱼伤人。

（2）血污要清洗干净，以免色暗。

（3）烫甲鱼时，要掌握好时间，视甲鱼老嫩而定。

（4）直接炖时，火不能过大，否则汤汁浑浊不清。

第三节 凉拌海蜇皮

凉拌海蜇皮是以海蜇皮为主料的凉拌菜，辅菜可以因人添加。属于浙江菜系，具有清热解毒调理，祛痰调理，便秘调理，消化不良调理等功效。

一、主要原料

主料：海蜇皮 300 克、黄瓜 200 克。

辅料：鸡胸脯肉 25 克、火腿 25 克、青椒 15 克。

调料：大蒜 10 克、白砂糖 10 克、香油 15 克、醋 15 克、酱油 20 克、味精 2 克、盐 15 克。

二、制作方法

（1）将海蜇皮表面红膜剥去，凉开水洗净，切成 3.5 厘米长的细丝。

（2）海蜇皮丝内加入精盐，浸在凉开水中用手搓去涩腥味，洗涤至去咸味，在凉开水中浸漂 1 小时，捞出沥干水。

（3）黄瓜去皮、去籽，切成丝，用精盐抓拌、沥去水。

（4）青椒去蒂、籽，洗净，切成丝用沸水略烫一下，捞出待用。

（5）熟火腿切丝。

（6）鸡胸脯肉洗净，入锅煮熟，晾凉，切成细丝。

（7）取蒜末、白糖、味精、酱油、醋调成味汁。

（8）先将调好的汁与海蜇丝、黄瓜丝拌匀，放在盘里。

（9）再盖上熟鸡丝、青椒丝、熟火腿丝，淋上香油即成。

特点：海蜇皮含有丰富的胶原纤维，遇热时会迅速收缩，因此不能放入滚水中余烫，否则会蜷缩成一团，失去脆嫩的口感，因此应以温热水反复漂洗、浸泡，如此不但没有异味，并且可以去除咸味及残留的沙粒。

三、制作要诀

（1）海蜇皮品质的好坏与质地有十分密切的关系，浙江舟山渔场的海蜇皮，能严格以"三矾"处理，质量较好。

（2）另外蜇皮在烫水中，要掌握分寸，过了太老，不够脆性就不足，此点在做"拌海蜇皮"这道菜中显得尤为关键。

四、食谱营养

海蜇皮：海蜇含有人体需要的多种营养成分，尤其含有人们饮食中所缺的碘，是一种重要的营养食品。海蜇具有清热、化痰、消积、通便之功效，用于阴虚肺燥、高血压、痰热咳嗽、哮喘、瘰疬痰核、食积痞胀、大便燥结等症。

黄瓜：黄瓜是老百姓最常食用的一种食蔬，它脆嫩清香，味道鲜美，而且营养丰富。含有多种维生素，是护肤美容的佳品，可以有效地对抗皮肤老化，减少皱纹的产生，并可防治唇炎、口角炎；因其中还含有铬等微量元素，有降血糖的作用。黄瓜尾部的苦味素还有抗癌的作用，并有清热、解渴、利水、消肿之功效。

火腿：火腿色泽鲜艳，红白分明，瘦肉香咸带甜，肥肉香而不腻，美味可口，各种营养成分易被人体所吸收，具有养胃生津、益肾壮阳、固骨髓、健足力、愈创口等作用。

鸡胸脯肉：鸡胸脯肉蛋白质含量较高，且易被人体吸收利用，有增强体力、强壮身体的作用，所含对人体生长发育有重要作用的磷脂类，是中国人膳食结构中脂肪和磷脂的重要来源之一。中医学认为，鸡胸脯肉有温中益气、补虚填精、健脾胃、活血脉、强筋骨的功效。对营养不良、畏寒怕冷、头晕心悸、乏力疲劳、月经不调、产后乳少、贫血、中虚食少、消渴、水肿、小便数频、遗精、耳聋耳鸣等虚弱者有很好的食疗作用。一般人群均可食用，老人、病人、体弱者更宜食用。

青椒：青椒果实中含有极其丰富的营养，维生素 C 含量比茄子、番茄都高，其中芬芳辛辣的辣椒素，能增进食欲、帮助消化，含有的抗氧化维生素和微量元素，能增强人的体力，缓解因工作生活压力造成的疲劳。其中还有丰富的维生素 K，可以防治坏血病，对牙龈出血、贫血、血管脆弱有辅助治疗作用。其特有的味道和所含的辣椒素有刺激唾液和胃液分泌的作用，能增进食欲，帮助消化，促进肠蠕动，防止便秘。

五、食谱相克

海蜇皮：海蜇忌与白糖同腌，否则不能久藏。

黄瓜：黄瓜不宜与芹菜、菠菜等富含维生素 C 的食物同食。

黄瓜不宜与花生同食，否则易导致腹泻。

鸡胸脯肉：忌与野鸡、甲鱼、芥末、鲤鱼、鲫鱼、兔肉、李子、虾子、芝麻、菊花以及葱蒜等一同食用。

与芝麻、菊花同食易中毒。

与李子、兔肉同食，会导致腹泻。

与芥末同食会上火。